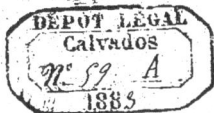

DÉPOT LÉGAL
Calvados
N° 59 A
1883

I0052279

DÉPARTEMENT DU CALVADOS

COMMISSION CONSULTATIVE

DES

INTÉRÊTS HIPPIQUES

DANS LE DÉPARTEMENT DU CALVADOS

PROCÈS-VERBAUX DES SÉANCES

ANNÉES 1880-1881-1882

CAEN

IMPRIMERIE DE F. LE BLANC-HARDEL

RUE FROIDE, 2 ET 4

1883

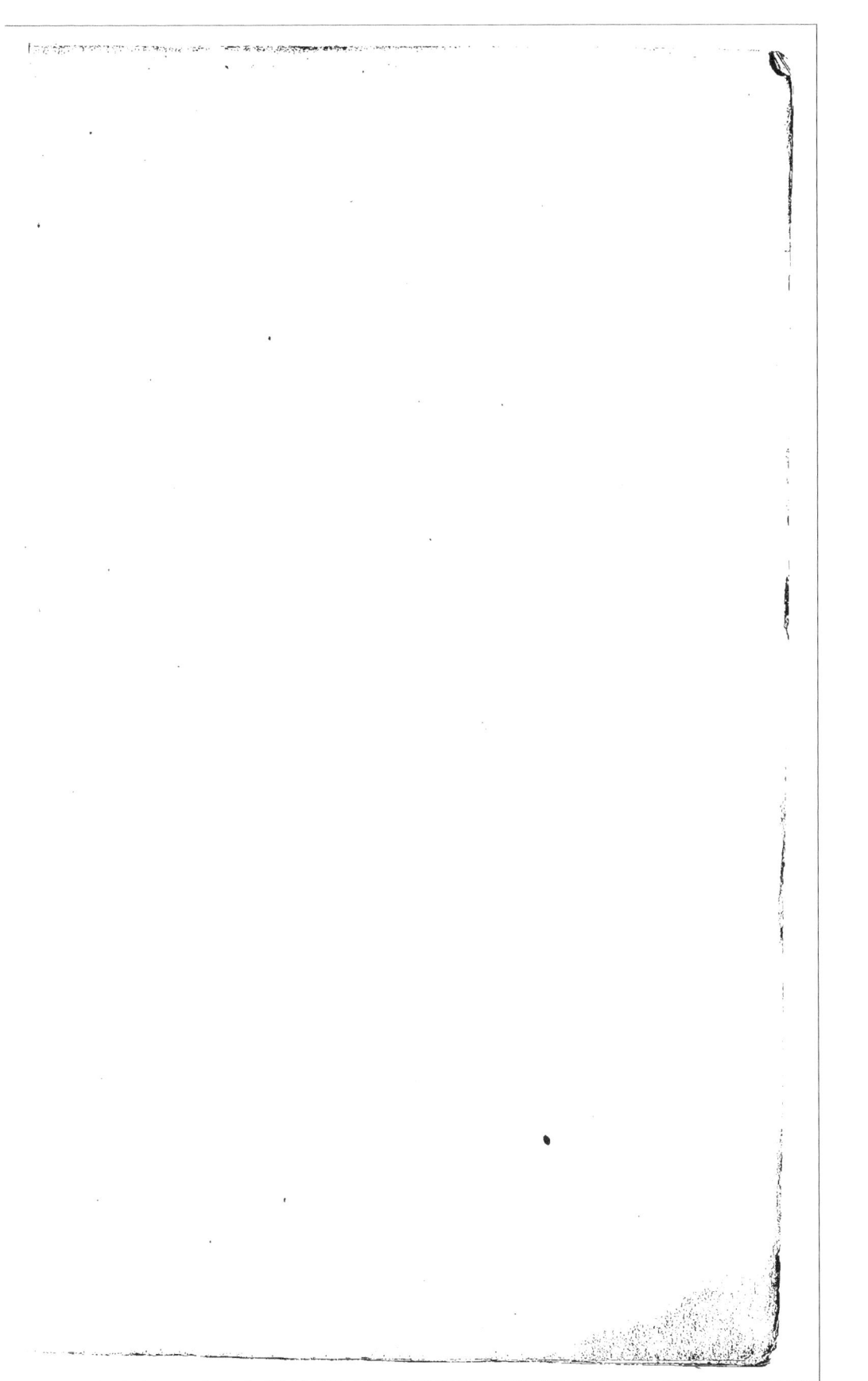

DÉPOT LÉGAL
Calvados
91 59 A
1885

DÉPARTEMENT DU CALVADOS

COMMISSION CONSULTATIVE

DES

INTÉRÊTS HIPPIQUES

DANS LE DÉPARTEMENT DU CALVADOS

PROCÈS-VERBAUX DES SÉANCES

ANNÉES 1880-1881-1882

CAEN

IMPRIMERIE DE F. LE BLANC-HARDEL

RUE FROIDE, 2 ET 4

—

1883

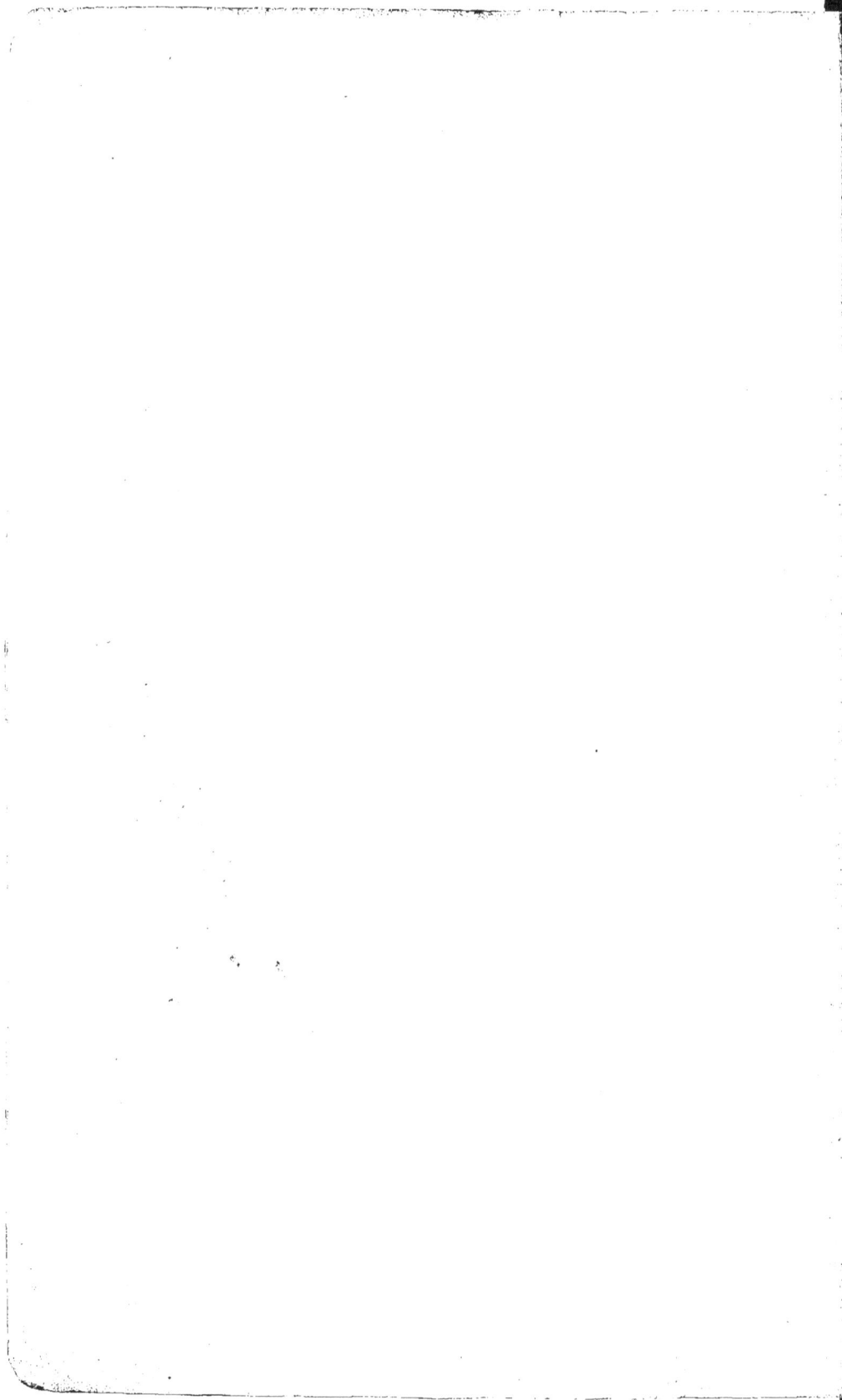

COMMISSION HIPPIQUE DU CALVADOS.

Cette Commission a été constituée par arrêté de M. Henri Gravier, préfet du Calvados, en date du 17 février 1880. Elle est actuellement composée de la manière suivante :

MM.

MONOD (Henri-Ch.) ✳, préfet du Calvados, président de la Commission.

DAUBIAN-DELISLE (Ch.), chef du cabinet du préfet, secrétaire.

ANNE, vétérinaire, à Caen.

AUMONT (Paul), éleveur, maire de Victot-Pontfol.

BALLIÈRE, éleveur, adjoint au maire de Colombelles.

BALVAY, éleveur, à Dives.

BARANGER, maire de Condé-sur-Noireau.

BASLY (de), éleveur, à St-Contest.

BASTARD (Jules), éleveur, à Fontaine-Henry.

BEAUJOUR (David) ✳, membre du Conseil général, à Caen.

BRION, éleveur, à Gerrots.

BRUNET, secrétaire de la Société vétérinaire du Calvados et de la Manche, à Mézidon.

CORNULIER (de), président de la Société d'encouragement du cheval français de demi-sang, à Fontaine-Henry.

DELACOUR, membre du Conseil général, maire de Saint-Gabriel.

DUCHESNE-FOURNET, membre du Conseil général, député du Calvados.

GAILLARD, éleveur, à Danvou.

GAUTIER, vétérinaire, à Caen.

Gost, éleveur, à Caen.
Henry (Edmond) *, député du Calvados.
Hervieu (Amédée), éleveur, à Varaville.
Hornez *, directeur de l'École de dressage de Caen.
Julien, membre du Conseil général, maire de Pont-
l'Évêque.
Lebaudy, éleveur, à Juaye-Mondaye.
Lebourg (Louis), éleveur, à Reux.
Legoux-Longpré *, secrétaire de la Société d'encoura-
gement du demi-sang, commissaire des Courses de
Caen, Vincennes, Cabourg, Flers, etc.
Lemonnier (Jules), éleveur, à Goustranville.
Leproux, éleveur, à Manneville-la-Pipard.
Leprovost (Gustave), éleveur, maire de Bretteville-sur-
Odon.
Lesaulnier, maire de St-Manvieux.
Lesguillon (Alphonse), éleveur, à St-Julien-sur-Calonne.
Letellier, éleveur, à Lisieux.
Margrin, éleveur, à St-Contest.
Mauger, député du Calvados.
Mériel, maire de Caen.
Pierre (A.), éleveur, à Caen.
Rault, vétérinaire, à Bény-Bocage.
Revel (Edmond), éleveur, à Bretteville-sur-Odon.
Revel (Léon), éleveur, à Carpiquet.
Saint-Pierre (vicomte de) *, sénateur, président du
Conseil général du Calvados, président de la Société
des Courses de Vire.
Toutain *, ancien maire de Caen, membre du Conseil
général.
Verjat, membre du Conseil général, propriétaire, à Clécy.

Les Membres de la Commission ont été nommés par
arrêtés préfectoraux en date des 17 février, 11 mars,
20 juillet, 25 novembre 1880 ; 24 mars, 20 août, 30 septembre 1881 ; 10 janvier, 4 février et 9 mai 1882.

PROCÈS-VERBAUX DES SÉANCES.

Séance du mardi 2 mars 1880.

Le mardi 2 mars 1880,

Sous la présidence de M. le Préfet du Calvados, a eu
lieu, à la Préfecture, la première réunion de la Commission hippique constituée par lui. Cette Commission est
appelée à donner son avis sur toutes les questions hippiques en général. Elle pourra signaler les améliorations
ou les modifications qu'elle croira utile d'apporter dans
les règlements actuels pour ce qui regarde les rapports de
l'État ou du département avec l'élevage, et M. le Préfet
du Calvados sera son intermédiaire pour faire connaître
à qui de droit les vœux exprimés.

Cette Commission répond à un besoin réel.

En effet, il n'est pas de profession ou d'industrie sérieuse qui, en dehors des Chambres de commerce, n'ait
sa Chambre consultative ou syndicale pour traiter certaines questions qui lui sont particulières.

Il y a bien une Société d'Agriculture dans chaque

*But de la Com-
mission. — Exposé
du président.*

arrondissement, mais elle n'est à l'élevage que ce que sont les Chambres de commerce pour le commerce et l'industrie. Ses attributions, bien qu'utiles, sont multiples.

Elle ne peut, quels que soient le zèle et le dévouement de ses membres, remplacer vis-à-vis de l'élevage si complexe du cheval de demi-sang, où chaque détail demande des connaissances particulières, une réunion composée d'hommes qui ont, soit par la pratique journalière, soit par des études suivies, embrassé l'ensemble des questions dont la notion, peut-être, s'improvise le moins.

De plus, les Sociétés d'Agriculture se recrutent d'elles-mêmes sans tenir compte toujours de la compétence. Les Chambres de commerce, elles, ont l'avantage d'être nommées à l'élection. Ce serait là la grande difficulté à résoudre pour la création d'une Chambre consultative de l'élevage que nous avons plusieurs fois déjà réclamée.

En effet, l'éparpillement des électeurs, la difficulté de se réunir pour le vote, l'indifférence qui en résulterait pour le scrutin, la procédure à trouver, les catégories d'électeurs à établir, etc..., sont autant d'obstacles dont nous ne nous étions pas dissimulé la gravité.

Il y avait donc à trouver un moyen terme qui permît de réaliser l'idée au plus vite. C'est l'objet de la Commission hippique du Calvados.

L'on s'étonne de ne pas trouver à la préfecture du Calvados des archives organisées, dès longtemps, sur la question chevaline, si importante dans le Calvados, et où il soit possible de puiser les renseignements de toute nature nécessaires, soit aux Sociétés, soit aux éleveurs, soit à l'administration elle-même.

M. le président exprime le désir de combler cette lacune au plus vite et de prendre comme point de départ la réunion de la Commission hippique, qu'il remercie, en terminant, d'avoir répondu avec tant d'empressement à son appel.

Un article du règlement afférent aux achats d'étalons porte que l'Administration peut, après avoir fait essayer au Pin les chevaux achetés par elle, les renvoyer, sans explication, au vendeur. L'Administration payant cher, cette clause est admise depuis longtemps sans conteste. Une commission, soigneusement choisie parmi les membres de l'Administration supérieure des Haras, achète les étalons. Un seul vétérinaire, au Pin, a le droit, après épreuve, de les renvoyer, et, chaque année, on renvoie généralement pour plus de 200,000 fr. de chevaux après cette expérience.

Admission des étalons au Pin.

Plusieurs membres de la Commission, sans contester la souveraineté des décisions de l'Administration en pareil cas, demandent, en raison de la gravité des intérêts en jeu ; qu'au lieu d'un seul vétérinaire l'État en désigne trois des siens ; ce qui constituerait une garantie, non seulement pour les éleveurs, mais encore pour l'État lui-même, que cette mesure débarrasserait des récriminations inévitables qui se produisent chaque année. Le Gouvernement a bien assez des responsabilités qu'il ne peut éviter, sans aller encourir des critiques qu'il peut esquiver sans manquer à sa dignité, puisque dans le cas présent il ferait sa loi lui-même en choisissant ses propres vétérinaires.

On écarterait ainsi le reproche, justifié ou non, du renvoi de chevaux sains.

Cette observation n'a rien de désobligeant pour l'honorable vétérinaire du Pin, praticien expérimenté. Il n'a pu procéder aux admissions, ayant été remplacé par un vétérinaire qui, lui-même empêché, a été remplacé par un autre.

Cette circonstance a mis plus en relief encore la nécessité de la modification demandée.

La Commission est unanime à demander à M. le Préfet du Calvados de bien vouloir intervenir en faveur de l'adoption de la mesure.

M. le Préfet donne à la réunion connaissance du nouveau règlement relatif aux primes des pouliches et aux épreuves montées imposées, qui en sont la conséquence. A cette occasion, un débat intéressant s'engage sur l'inconvénient des épreuves montées dans les conditions où on les exige. Les vétérinaires présents constatent que certains avortements proviennent évidemment de l'entraînement après la saillie. Ne vaudrait-il pas mieux exiger pour les primes des pouliches ce qu'on exige des étalons, c'est-à-dire que l'épreuve montée précède la présentation ?

Un des membres de la Commission craint que, la course précédant la prime, le nombre de pouliches ne diminue dans les concours en raison des frais d'entraînement.

Il est répondu que les frais ne seraient pas plus grands pour les pouliches à présenter que pour les épreuves des étalons dont le nombre est de beaucoup supérieur ; qu'on n'exige pas un entraînement sévère ; que la vitesse, lorsqu'elle se produit avec des pouliches destinées plus spécialement aux courses, peut être prise dans les primes en considération, aussi bien que la beauté des allures, à défaut d'une grande vitesse et d'une préparation de course poussée à fond.

On fait observer en outre que, l'épreuve imposée venant après coup, le chiffre des pouliches montées est relativement assez restreint, tandis que la possibilité de donner à peu de frais une bonne note au produit déciderait au contraire les propriétaires à les présenter en plus grand nombre à ces épreuves. Leur intérêt les y pousserait.

Il y a d'autant plus lieu de prendre en considération les observations faites en pareil cas par les vétérinaires sur les inconvénients de l'entraînement après les primes, que les pouliches sont pleines pour la plupart. La jument ne donne qu'un produit par an, et encore pas toujours, tandis que l'étalon peut en donner cinquante. Il ne faut pas oublier que la belle production étalonnière, qui subvient

aux besoins des haras, ne roule dans la Manche, le Calvados et l'Orne, que sur 400 juments en moyenne, qui ali-
mentent à tour de rôle les dépôts de leurs produits.

Toutes les pouliches non destinées particulièrement aux
courses au trot ayant été saillies, on voit immédiatement
l'inconvénient de l'épreuve exigée sur l'hippodrome de
Caen, de Cabourg ou de Vire. Il resterait, il est vrai, dans
le système proposé, une difficulté à résoudre par rapport aux
épreuves nouvelles : l'emplacement, l'époque qui devrait
être fixée vers la fin de mars ou le commencement d'avril.

Bien que ces questions soient importantes, elles ne
constituent que des détails en présence des graves inconvénients sur lesquels la Commission appelle l'attention
de M. le Préfet.

Pour réagir contre la disparition de nos belles juments
poulinières et en augmenter le nombre, la loi de 1874 a
voulu que non-seulement les haras et les remontes
payassent leurs acquisitions plus cher, mais encore que
les primes des concours fussent augmentées dans une
proportion assez considérable. L'augmentation de cette
dernière partie des allocations devait être de 100,000 fr.
par an, en partant de 600,000 fr., chiffre ancien, jusqu'à
ce que celui de 1,500,000 fût atteint, et cela a commencé
en 1875.

*Primes aux ju-
ments non suitées.*

Or, pour conserver les juments, il ne suffit pas de
primer celles qui sont suitées ; car si vous privez de la
prime la jument vide une année ou qui a perdu son
poulain, vous ajoutez encore au préjudice, trop fréquent
hélas ! pour le propriétaire, qui, dégoûté du métier, vendra
sa jument, s'il est victime de cette mauvaise fortune
plusieurs fois de suite.

On ne primait pas cependant, il y a quelques années, les
juments non suitées, et le Conseil général du Calvados
a sagement remédié à cet inconvénient par une subvention.

On se demande pourquoi ce n'est pas l'Administration

des Haras, dont les ressources pour les primes augmentent chaque année, qui prend à sa charge cette allocation qui semble avoir pour elle tous les caractères d'un devoir.

Cela rendrait disponible pour le département du Calvados des fonds à accorder comme subvention aux établissements d'entraînement de trotteurs, question qui a failli être fort mal posée l'année dernière au Conseil général et, pour cette cause, et faute de ressources suffisantes, a été malheureusement renvoyée à plus tard.

La Commission exprime également un vœu à ce sujet.

Cornage. La question des poulinières amène à s'occuper du cornage dont la disparition est en ce moment la grande préoccupation de l'élevage. Le cornage existe dans une proportion assez grande, c'est un fait. Il s'agit, sinon de le faire disparaître chez les sujets qui en sont atteints, ce qui semble impossible, du moins de l'enrayer par un contrôle sérieux dans la production. On peut contrôler l'étalon ; on a les épreuves, la présentation qui dure longtemps relativement et pendant laquelle l'Administration a toujours les chevaux sous la main. Si le cornage se révèle au dépôt, même plus tard, il y a perte pour l'État ; mais il peut se débarrasser du cheval. Il est facile également d'exercer un contrôle sérieux sur l'étalon approuvé qu'on pensionne, le jour où l'on apprend qu'il serait atteint de ce vice.

La jument, au contraire, si, dans ses épreuves des primes à trois ans, elle a échappé au contrôle, peut être cornarde à perpétuité. Si le propriétaire vend bien le poulain qui en sort, il ne dira rien. Ce n'est pas toujours le même acheteur qui acquiert le poulain chaque année, et il faut très-longtemps, le plus souvent, pour que le fait soit connu et répandu, quant à la jument. C'est dans ce cas seulement que le propriétaire, lésé dans ses intérêts, en débarrasse le pays sans rien dire. Sans cette circonstance, le mal persiste, sans contrôle sérieux, dans l'état actuel des choses, d'autant plus que la jument touche sa prime chaque année, ce qui constitue même une bonne désignation pour l'achat du produit.

Cette question est à l'ordre du jour depuis longtemps et n'a pas encore reçu de solution même théoriquement ; car le propriétaire a toujours une bonne raison à donner pour empêcher l'épreuve du rond. Sa jument est pleine, elle allaite..., etc.

La solution de cette grave difficulté est réservée par la Commission. Elle se relie d'ailleurs à une autre question non moins importante et qui pourra peut-être amener le résultat cherché. Nous voulons parler du projet de pensionnement des poulinières, résultant d'un contrat entre le propriétaire de la belle jument, dont l'État a intérêt à empêcher la vente au dehors, au moyen d'un sacrifice fixe annuel.

Alors, en raison de l'engagement très-sérieux qui interviendrait, l'État aurait le droit de poser des conditions de contrôle plus sévères et de les faire respecter, puisqu'il paierait en conséquence et qu'il y aurait consentement mutuel.

M. le Préfet donne connaissance à la réunion de ce qui s'est passé dans la dernière séance du Conseil supérieur des Haras. Il lit à la Commission les extraits les plus importants du rapport de M. le colonel Basserie, qui demande que l'Administration des Haras fasse disparaître, par tous les moyens en son pouvoir, le cheval de trait sur tous les points où il prend la place du cheval de demi-sang pouvant être propre à l'armée. Il demande, en outre, qu'au fur et à mesure que la nécessité de la consommation augmente, la remonte soit toujours mise à même de payer le bon cheval le prix qu'il faut, pour ne pas avoir éternellement les rebuts du commerce. *(Procès-verbaux du Conseil supérieur des Haras.)*

La Commission remercie M. le Préfet de sa communication et exprime le vœu qu'à l'avenir les séances du Conseil supérieur des Haras reçoivent la publicité la plus large possible.

Certificats de santé.

Conformément au désir exprimé par le jury dans le dernier concours de dressage de Caen, M. le Préfet du Calvados saisit la Commission de la question de savoir s'il y a lieu d'exiger, dans les concours de dressage, un certificat de santé donné par un vétérinaire. Deux systèmes se trouvent en présence :

1° Continuer à laisser l'acheteur libre de prendre ses sûretés vis-à-vis du vendeur et de contrôler la santé des chevaux qu'il achète, sans faire exiger par le jury de certificat de vétérinaire. Les adversaires de ce système y voient une entrave possible au commerce dans certains cas ;

2° Les partisans du système contraire disent : Les décisions d'un jury de concours n'ont pas seulement pour conséquence de primer un cheval d'un beau modèle, bien dressé ; elles sont, en même temps, une désignation à la confiance de l'acheteur et engagent la dignité du jury. Et ce sont surtout ces décisions que le vendeur fait valoir pour vendre plus cher quand elles lui ont été favorables.

On a donc intérêt à entourer les concours de toutes les précautions possibles, et pour faire un bon emploi des deniers publics, et pour grandir la confiance dans la sincérité et le sérieux des jugements.

Le Calvados a un intérêt particulier à cette décision.

Le concours de Paris a quelque peu déplacé les affaires qui, autrefois, se traitaient directement à Caen.

Cette mesure serait donc profitable aux exposants eux-mêmes, puisqu'elle aurait pour but, non-seulement de maintenir, mais encore de développer l'importance de ce concours, sans faire échec, en quoi que ce soit, à la belle exhibition hippique d'avril, au palais de l'Industrie, où l'on retrouve tous les chevaux primés à Caen, qu'ils aient été vendus ou non. Car l'aléa de la prime, à Paris, est généralement une des conditions du marché.

Toutefois, les partisans du certificat de santé, pour éviter qu'un préjudice de publicité quelconque puisse résulter de cette mesure, ne demandent qu'une attestation signée du vétérinaire qu'il plaira à l'exposant de choisir ; de façon que si, par exception, un refus lui était opposé, il en soit quitte pour ne pas mettre son cheval au concours, restant libre de le vendre dans les conditions ordinaires.

Le concours de Caen compte cent chevaux environ ; ce n'est qu'une infime partie de la production du cheval de luxe. Il a lieu de bonne heure, et tous les chevaux ne sont pas prêts, un cheval peut être malade au moment des primes, etc... En un mot, personne n'a rien à y voir puisque l'exposant est libre de prendre ses dispositions sans que le fait qui éloigne un cheval du concours puisse transpirer, s'il le veut.

Par ces raisons, au lieu de joindre au jury de concours un vétérinaire qui se prononcerait *séance tenante* et *publiquement* sur la santé des chevaux, ce qui pourrait provoquer des erreurs et, certainement, des discussions désobligeantes parfois et préjudiciables toujours aux vendeurs, la Commission, à une grande majorité, est d'avis d'exiger un certificat de santé délivré par un vétérinaire.

Prenant acte des paroles prononcées par M. le Préfet du Calvados, lors de la proclamation des primes du concours de dressage, et en raison du grand nombre de chevaux jugés dignes de primes, en dépit du chiffre un peu restreint des récompenses, la Commission exprime le désir de voir augmenter le nombre des primes des catégories dont la liste sera suffisamment fournie de chevaux. On a fait valoir, comme raison, que les sommes allouées, chaque année, pour les concours et les primes devant augmenter depuis 1875, le chiffre réclamé était, en réalité, peu considérable en raison de l'importance croissante de l'élevage dans la circonscription appelée à faire partie du concours, et en raison de ressources nouvelles de

Augmentation des primes de dressage.

l'Administration. On a fait remarquer avec raison qu'il y avait autrefois à Caen deux concours : le premier au commencement du Carême, et le second à la Foire de Caen. Bien que les allocations aient été augmentées pour le premier concours, elles sont loin d'atteindre le chiffre total ancien.

Cette proposition est également consignée au procès-verbal.

Rôle de la Société d'Encouragement. Un membre de la réunion appelle l'attention de M. le Préfet du Calvados sur certaines difficultés de détail qu'a rencontrées parfois la Société d'Encouragement du cheval français de demi-sang, pour mener à bonne fin, à Paris, son œuvre toute désintéressée.

La Société, par l'allocation budgétaire que lui a accordée le règlement qui régit les courses au trot dans toute la France, par l'influence qu'elle est appelée à exercer sur le développement de la production chevaline, est l'expression d'un intérêt véritablement national.

Le Gouvernement a donc tout intérêt à lui faciliter l'accomplissement de sa tâche en aplanissant les petites entraves et les formalités en présence desquelles se sont trouvés les représentants de la Société.

Son rôle ne consiste pas seulement dans un programme de courses, et son but se relie d'une façon intime à l'esprit qui a présidé à la création d'une Commission hippique dans le Calvados.

M. le Préfet se met, pour cette intervention, à la disposition de la Commission.

Invitation à M. le Ministre de l'Agriculture d'assister à l'inauguration des tribunes de l'hippodrome de Caen. Un des membres de la Commission dit qu'il croit être l'interprète de tous en priant M. le Préfet du Calvados de bien vouloir demander, au nom de la Commission, à M. le Ministre de l'Agriculture d'assister à l'inauguration des tribunes fixes qui doit avoir lieu, à Caen, avec solennité, à l'époque des courses. De cette façon, M. le Ministre de l'Agriculture pourra se rendre compte par lui-même, en venant au centre du pays d'élevage par excellence, des progrès accomplis et à réaliser encore ; progrès qui intéressent son département ministériel dans une si large mesure.

M. le Maire de Caen, qui est, en même temps, président des courses de Caen, déclare à son tour que, si cette heureuse et utile visite se réalise, la municipalité et le conseil municipal feront de leur mieux pour recevoir dignement M. le Ministre.

La Commission est unanime pour prier M. le Préfet du Calvados de vouloir bien lui servir de bienveillant intermédiaire dans cette circonstance.

Séance du 27 juillet 1880.

SOMMAIRE

Subventions aux établissements d'entraînement. — Subventions aux hippodromes du Calvados. — Subventions aux écoles de dressage. — Suppression de la subvention de 500 fr. à la Société hippique française. — Subvention au St-Léger de France. — Concours de dressage de Falaise. — Subvention au Cercle hippique lexovien. — Exercice de la médecine vétérinaire.

La Commission hippique s'est réunie à la préfecture le mardi 27 juillet, à une heure, sous la présidence de M. Gravier, Préfet du Calvados.

Dix-sept membres étaient présents.

M. le Préfet prend le premier la parole et fait connaître le but principal de la réunion.

Le plus souvent, dit-il, certaines questions hippiques en Normandie sont insuffisamment posées, et, conséquemment, sont insuffisamment connues de ceux auxquels les intéressés s'adressent, quand il s'agit de maintenir les subventions existantes ou de les augmenter utilement.

Une expérience de cette nature a été faite dernièrement encore, près de la Commission du budget, sur une question de détail, il est vrai, mais qui n'en avait pas moins son importance. Au fur et à mesure que les progrès s'accomplissent, de nouveaux faits surgissent qui demandent à être discutés rapidement.

Les questions d'élevage sont assurément, ajoute M. le Préfet, celles qui s'improvisent le moins ; voilà pourquoi il a pensé, à la veille de la session du Conseil général du Calvados, qui ne se réunit qu'à des époques fixes, à convoquer la Commission hippique pour entendre ses observations sur la partie du budget départemental concernant l'élevage et la prier de formuler ses vœux sur les allocations qu'il pourrait être utile d'augmenter.

Cette façon de procéder permettra au Conseil général du Calvados, qui se préoccupe à bon droit et avec compétence de tout ce qui concerne l'industrie chevaline, de présenter avec plus d'autorité encore ses vœux au Gouvernement et à la Chambre, appuyé sur les appréciations de la Commission consultative spéciale.

M. le Préfet expose ensuite le tableau des subventions départementales accordées à l'industrie chevaline et indique à la Commission quelles sont les demandes d'augmentation dont il a été saisi.

La discussion s'ouvre alors sur les questions soumises par M. le Préfet à la réunion.

Subventions aux établissements d'entraînement. L'importance prise par les courses au trot et le rôle qu'elles jouent aujourd'hui dans les progrès de la production et dans l'éducation des hommes à former, a fait adopter en principe par le Conseil général du Calvados le vote d'une subvention à certains établissements d'entraînement de trotteurs.

La Commission consultative approuve à l'unanimité cette décision, mais elle croit pouvoir s'occuper de la façon dont cette somme pourrait être répartie et par qui, au mieux des intérêts à satisfaire.

Voici les raisons qui sont présentées par plusieurs membres de la Commission et celles qui sont exposées dans un rapport de M. Legoux, secrétaire de la Société d'encouragement, rapport qui a été adressé à M. le Préfet sur sa demande et qui est lu en séance.

Dans les comptes-rendus des Chambres et des Conseils généraux qui ont traité cette question, dans les rapports de l'Administration des Haras, dans un grand nombre de brochures et d'articles de la presse périodique, on peut constater que tous les hommes compétents qui se sont occupés de l'amélioration de la race chevaline en France s'accordent à reconnaître que ce qui manque à la production, entrée dans une voie de progrès très-sensible, ce sont des hommes d'écurie, spéciaux, pratiques, capables de la faire valoir.

Les courses au trot, en ce qui concerne le demi-sang, sont, depuis quelques années surtout, le moyen d'émulation le plus puissant employé par l'État, les départements et les Sociétés particulières, tant pour améliorer la race elle-même que pour développer les aptitudes des palefreniers, jockeys, entraîneurs, aides indispensables de l'éleveur et dont l'insuffisance, au point de vue des besoins actuels, est unanimement reconnue.

Or, il n'est pas de meilleur mode d'encouragement que ces courses; mais à la condition expresse qu'elles soient accessibles à tous, aux petits éleveurs comme aux grands; et, l'on peut dire même, surtout à ceux-là, car c'est par le grand nombre des petits éleveurs que se développera la plus grande rivalité possible; c'est-à-dire l'émulation dans le progrès.

Mais, nous ne voyons aucun moyen pour cette classe d'éleveurs, la plus intéressante, d'avoir accès aux courses

2

avec quelques chances de succès pour leurs produits, autrement que par l'intermédiaire des établissements publics d'entraînement. Il est clair que l'éleveur qui n'aura qu'un, deux et même trois chevaux, sur lesquels il fondera des espérances au point de vue des courses, ne pourra organiser, chez lui, tout un système d'entraînement avec piste, etc., etc.

Il aura donc forcément recours aux établissements publics. De là, leur utilité primordiale et la nécessité de leur développement.

En outre de cet avantage, si important déjà, ces établissements pourront fournir de véritables écoles pratiques et recruter les jeunes gens capables qui nous manquent : palefreniers, jockeys et même entraîneurs, dont les grands éleveurs seront sans doute très-heureux aussi d'apprécier alors les services pour leur propre compte, en raison des changements fréquents qui peuvent se produire dans le personnel des écuries de trotteurs.

Dans l'état actuel, on se demande parfois comment l'entraîneur peut marcher.

En effet, les soins tout spéciaux à donner à un cheval de course, la nourriture abondante de première qualité qui doit lui être distribuée, ne permettent pas aux entraîneurs de réaliser aucun bénéfice sur le prix de la pension des chevaux qui leur sont confiés. Cette pension, le plus souvent, est fixée à 4 fr. par jour.

Voici, comme exemple, un tableau emprunté au travail de M. H. Legoux, qui a opéré sur les chiffres fournis par un de nos établissements d'entraînement, en prenant pour base 10 chevaux.

Location, habitation et écuries, hippodrome, impositions :

Par an,	mois,	jour,	Par cheval et par jour.
2,000 fr.	165 fr.	5 fr. 05.	» fr. 55 e.
Avoine, à 26 fr. le sac, et à 12 litres. . .			1 56
Foin, à 0 fr. 80 les 7 kil. 1/2, à 3·kil. 1/2 par cheval			» 40
Paille, à 0 fr. 60 la botte, une botte. . .			» 60
Son, par jour.			» 10
Usure d'équipages et divers.			» 15
Un palefrenier à 110 fr. par mois, par jour 3 fr. 70.			» 37
Un palefrenier-lad à 105 fr. par mois. . .			» 35
			4 fr. 08 c.

Ainsi, l'établissement d'entraînement en question, comme les autres, perd près de 10 cent. par jour et par cheval en moyenne.

Si les entraîneurs donnent à leurs établissements, ouverts à tous, tout leur temps et qu'ils n'aient pas collatéralement une entreprise agricole, commerciale ou autre, il ne leur reste, *en perspective*, pour vivre et nourrir leur famille que les 15 °/₀ sur les prix que gagneront ou ne gagneront pas les chevaux de leur écurie. Il en est même qui ne prennent que 10 °/₀.

Une situation aussi difficile et même impossible à équilibrer, faite à des chefs d'établissements dont l'existence importe autant à l'élevage, doit éveiller au plus haut point la sollicitude du Conseil général du Calvados, à laquelle on ne s'adressera pas en vain, puisqu'elle s'est déjà manifestée par des subventions. Il s'agirait donc d'augmenter, s'il était possible, l'allocation.

Les grands principes de la question ayant été ainsi posés par plusieurs membres de la Commission et approuvés à l'unanimité, un des membres fait connaître les différents établissements d'entraînement du Calvados dignes d'intérêt :

Deux établissements ne s'occupant que d'entraînement et subventionnés de 1,000 fr. par le Conseil général : MM. Malet, à Pont-l'Évêque; Briggs, à Cabourg.

Un établissement non subventionné : MM. A. Chouan et Leduc-Marion, à Carpiquet.

Un établissement non subventionné, mais doublé d'une exploitation agricole importante : M. Flocon, à Carpiquet.

Un membre fait connaître qu'une nouvelle demande de subvention a été adressée au Conseil général par MM. A. Chouan et Leduc. La Commission est unanime à reconnaître que, depuis une année, ces entraîneurs ont fait de sérieux sacrifices dans l'aménagement de leur hippodrome et de leur établissement; que les chevaux confiés à leurs soins sont en excellent état; que quelques-uns ont figuré victorieusement sur de nombreux hippodromes; que MM. Chouan et Leduc sont notoirement capables dans l'exercice de leur profession; et que, en conséquence, ils peuvent utilement prendre rang dans le cas où le Conseil général jugerait bon d'augmenter ses allocations sur ce chapitre.

La Commission reconnaît également que l'établissement de M. Flocon mérite les mêmes éloges au point de vue de la tenue et des résultats obtenus en courses.

Il reste à émettre un vœu sur le meilleur mode à observer, soit pour désigner, chaque année, les établissements d'entraînement anciens ou nouveaux dignes d'une subvention, soit pour fixer la répartition en se basant, bien entendu, sur la somme totale qui serait allouée.

La Commission exprime le désir que le Conseil général confie cette mission au comité des courses de la Société d'encouragement du cheval français de demi-sang, souveraine dans toutes les questions de courses au trot en France, et compétente à plus forte raison pour juger des faits quotidiens qui se produisent, grâce à son initiative, sous ses yeux, dans le Calvados.

Une autre question est présentée. Puisqu'on fait des efforts pour développer une institution qu'on reconnaît insuffisante, fait observer un membre de la Commission., il ne suffit pas d'encourager ce qui existe et dispose déjà de moyens acquis; il faut aussi stimuler la bonne volonté et les tentatives individuelles. C'est pourquoi il serait bon de donner des prix aux jeunes jockeys les plus méritants qui seraient chaque année désignés, également, par le Comité de la Société d'encouragement.

Une somme de 1,000 fr. paraît à la Commission nécessaire pour remplir ce but, et si elle était votée, la Société d'encouragement, affirme un des membres de son bureau, y ajouterait 500 fr., ce qui permettrait alors d'obtenir des résultats sérieux.

La Commission prie M. le Préfet de se faire l'interprète de son vœu auprès du Conseil général.

On discute ensuite la demande de subventions introduite par certaines Sociétés de courses.

Subventions aux hippodromes du Calvados.

La Commission, étant donnés les sacrifices faits et les conditions financières des différentes Sociétés, présente au Conseil général les hippodromes du Calvados dans l'ordre suivant :

1º *Caen :* cette réunion importante par excellence, met en relief l'élevage du Calvados et de la Normandie entière, au grand profit de notre production chevaline. Elle vient de faire des frais considérables comme achats de terrain, construction de tribunes, piste droite, et ses programmes doivent être d'autant plus complets aujourd'hui que les dates des réunions concurrentes coïncident davantage avec la sienne ;

2º *Cabourg :* dont la Société, fondée en 1869, a eu à subir à son début les conséquences financières de la guerre, juste au moment où elle venait de faire construire des tribunes fixes, et qui s'est imposé le sacrifice d'une journée de courses supplémentaire. Cette journée ne contribue pas peu au développement des courses plates de Caen en y amenant plus de chevaux. En effet, Cabourg est l'étape naturelle avant Deauville ;

3° *Vire :* dont la Société, aidée par la ville de Vire, a acquis l'hippodrome et fait également de nombreux sacrifices ;

4° *Pont-l'Évêque :* bien que digne d'intérêt à tous égards, cet hippodrome ne paraît devoir venir qu'en quatrième rang dans l'ordre des réunions à présenter. On constate que les ressources de cette Société se sont amoindries assez sensiblement par suite de la diminution du nombre des sociétaires.

Dans tous les cas, la Commission ne fait qu'indiquer un ordre de présentation, et, si le budget départemental permet d'accorder toutes les subventions demandées, elle approuvera avec empressement.

Subventions aux écoles de dressage.
Une réduction regrettable a été faite en 1879 sur la somme allouée d'ordinaire aux Écoles de dressage par la Commission du budget. Cette réduction a encore été aggravée cette année, ce qui diminue de 4,500 fr. environ, aujourd'hui, la subvention accordée par l'État à l'École de Caen, la plus importante École de France. Et cela, au moment où l'on a tant de peine à former des cochers et des jockeys. Cependant ce sont ces auxiliaires indispensables des éleveurs qui leur permettent de tirer parti de leurs écuries, de trouver une compensation aux sacrifices faits longtemps à l'avance, aux risques qu'ils courent, et, en même temps, les aident à présenter au choix des haras et des remontes des chevaux mieux soignés, mieux nourris, et en plus grand nombre.

Une demande de subvention a été faite au Conseil général par M. Amand Leneveu, qui tient un établissement de dressage privé à Caen.

La Commission, à l'unanimité, rend justice aux efforts intelligents de M. Leneveu, qui obtient de nombreux succès dans les concours. Mais on fait observer que, si l'on était décidé à intervenir pour demander à la Commission du budget de ramener à l'ancien chiffre la subvention de l'État, il serait bon que le département du Calvados prêchât d'exemple en comblant le déficit opéré par la réduction budgétaire au préjudice de l'École de Caen ; d'autant plus que cette École ne cherche pas à réaliser de bénéfices mais bien à servir les intérêts de l'élevage. Elle fait ses prix en conséquence. On peut s'en assurer par les comptes ; elle met bout à bout bien qu'elle soit très-suivie.

De plus, le Calvados n'a pas d'intérêt en principe, loin de là, à voir réduire l'importance de l'École de Caen, qui a un véritable caractère officiel, étant consacrée à la réception d'étalons la plus importante de France.

En conséquence, le jour où cette question serait réglée conformément aux désirs exprimés ci-dessus, c'est-à-dire tous les intérêts en jeu étant sauvegardés, la Commission appuierait la subvention demandée par M. Amand Leneveu au Conseil général.

La Commission exprime le vœu qu'on rétablisse, au concours de dressage de Caen, les prix donnés anciennement aux élèves piqueurs.

La Société hippique française, a-t-il été dit, fort riche aujourd'hui, peut se suffire avec ses ressources, qui sont considérables. Son but est de faire des hommes de cheval, en même temps qu'elle encourage le dressage et la production chevaline, puisqu'elle prime les cochers et les piqueurs. Or, cette somme de 500 fr. est une goutte d'eau dans son budget et pourrait être employée dans le Calvados plus utilement peut-être, au point de vue du but que se propose d'atteindre la Société hippique elle-même, puisqu'elle aiderait à compléter des encouragements recon-

Suppression de la subvention de 500 fr. à la Société hippique française.

nus insuffisants dans le département qui lui fournit près des deux tiers du concours du palais de l'Industrie.

En conséquence, la Commission croit qu'on pourrait, sans inconvénient, supprimer cette subvention de 500 fr. et l'affecter directement au Calvados.

Subvention du Saint-Léger de France.

La Commission prie M. le Préfet de demander au Conseil général d'intervenir pour rendre définitive la subvention de 3,000 fr., accordée aux courses de Caen, pour le *Grand Saint-Léger de France*.

En effet, l'hippodrome de Caen est considéré, avec Deauville, comme le plus important de France, et cette course y attire les chevaux de premier ordre.

Les engagements à ce prix, loin de diminuer, n'ont fait que s'accroître, puisqu'ils comportaient, cette année, 84 chevaux.

Concours de dressage de Falaise.

Une augmentation est demandée pour le concours de dressage de Falaise.

On s'appuie sur ce que ce concours se trouve placé à une époque assez avancée.

Il réunit des chevaux qui ont coûté plus cher à leurs propriétaires, parce qu'ils sont plus âgés et mieux dressés pour la plupart.

Aucune observation contraire n'est faite à ce sujet dans la Commission.

Subvention au Cercle hippique Lexovien.

Au sujet d'une demande de subvention de 500 fr., faite au Conseil général par le Cercle hippique Lexovien, la Commission n'exprime pas d'opinion contraire en principe. Toutefois, il est fait remarquer que, dans le cas présent, il pourrait y avoir là un égrenement de ressources, quand des questions très-sérieuses pour l'élevage au point de vue général n'ont pas encore reçu de solution, bien que plusieurs d'entre elles ne concernent que des demandes de même importance que celle du Cercle Lexovien.

On rend toutefois justice au dévouement et aux intentions du Cercle Lexovien, dont la demande mérite d'être prise en considération, si les ressources départementales le permettent. Dans ce cas, les encouragements partiels seront un complément des mesures excellentes dont le Conseil général a déjà pris l'initiative.

La Commission, sur la demande de plusieurs vétérinaires qui en font partie, émet le vœu que dans la loi qu'on est en train de préparer sur la police sanitaire qui est du ressort de la médecine-vétérinaire, on interdise l'exercice de cette profession à certains empiriques. Ce qui s'est passé à différentes reprises, à propos des maladies contagieuses, si faciles à propager aujourd'hui, avec nos voies de communication si rapides, engage la Commission à insister sur l'importance de cette question.

Exercice de la médecine vétérinaire.

Séance du 23 Août 1881,

SOMMAIRE.

Budget de 1882 : Subventions au concours de poulinières de Falaise ; — à l'hippodrome de Falaise ; — aux Écoles d'entraînement ; — à l'École de dressage de Caen ; — au Cercle hippique lexovien. — Primes de dressage. — Demande que le nombre des étalons de l'État soit porté à 3,000. — Épreuves des pouliches primées. — Primes des juments non suitées.

La Commission consultative des intérêts hippiques s'est réunie le 23 août, à 9 heures du matin, sous la présidence de M. Monod, préfet du Calvados.

Assistent à la séance :

MM. le vicomte de Saint-Pierre, Delacour, marquis de Cornulier, David Beaujour, de Basly, Edmond Henry,

Hornez, G. Provost, Gost, Verjat, Pierre, Jules Lebastard, Brion, Lebaudy, Gaillard, Ballière, Anne, Lesaulnier, Amédée Hervieu.

M. Daubian-Delisle, chef du cabinet du Préfet, est désigné par la Commission pour remplir les fonctions de secrétaire.

L'ordre du jour appelle les questions du budget départemental concernant les intérêts hippiques du département.

Budget de 1882.
—Subventions au concours de poulinières de Falaise ;

M. le Préfet du Calvados présente à la Commission les divers articles du budget intéressant l'élevage.

La Commission hippique émet le vœu, sur la demande d'un de ses membres, qui fait partie des jurys de concours, qu'on porte à 2,000 fr. au lieu de 1,700 fr., la subvention accordée aux concours de poulinières.

Cela permettrait d'augmenter un peu la première prime et de donner en plus deux primes de 100 fr.

à l'Hippodrome de Falaise ;

Plusieurs membres demandent comment il se fait, qu'en dehors de 2,000 fr. de prix, à lui alloués par le département, l'hippodrome de Falaise reçoive, seul des hippodromes du Calvados, la somme de 1,200 fr. à titre de frais d'entretien.

Il est répondu que cette somme avait été allouée pour remettre en état le terrain et la piste où, chaque année, a lieu le concours de dressage.

Or, ce concours ayant été déplacé, la Commission pense qu'il y aurait lieu de reporter cette somme, qui ne subvient plus aux besoins auxquels on l'avait consacrée, sur les hippodromes de Vire et de Pont-l'Évêque, qui ne touchent que 1,500 fr. de prix ; 250 fr. resteraient alloués à l'hippodrome de Falaise.

Toutefois, on fait remarquer que l'hippodrome de Falaise étant l'un des plus difficiles à entretenir et un de ceux qui trouvent le moins de ressources dans les entrées et dans le nombre des sociétaires, cette somme est entrée, en réalité, dans le budget de la Société, qui a fixé ses prix en conséquence, et qu'elle constitue, peut-être, un des éléments indispensables de son existence pour l'instant.

Faisant valoir, en outre, l'intérêt général qu'il y a à seconder l'impulsion donnée par la Société d'encouragement, et à empêcher, dans notre département, toute disparition d'hippodrome, toujours préjudiciable aux intérêts hippiques, l'un des membres, sans contester en principe la justesse de la réduction, demande qu'on y regarde à deux fois avant de porter un coup, peut-être fatal, à l'un des plus vieux hippodromes du Calvados, surtout au moment où la Société de Falaise s'est mise en frais pour exécuter certaines modifications qui lui avaient été demandées par la Société d'encouragement.

La Commission maintient l'avis précédemment exprimé par elle.

Sur la demande de la Commission hippique, le Conseil général, dans la session d'août 1880, a décidé que, dans l'intérêt des éleveurs, quatre établissements d'entraînement du Calvados, paraissant suffisamment dignes de cette faveur à ce moment, ou dignes d'être encouragés pour l'avenir, recevraient chacun une subvention de *mille francs*.

C'étaient ceux de MM. Briggs, au Home-Cabourg ; Mallet, à Trouville ; Albert Chouan, à Carpiquet, et Flocon.

La Commission hippique émet un avis favorable au maintien de cette subvention, à la condition, néanmoins, que, la période des courses au trot une fois terminée, le Comité de la Société d'encouragement, tenant compte du nombre de chevaux confiés à l'entraînement et du mode d'entraînement de ces établissements, ainsi que de leur bonne tenue et de leur organisation matérielle, donne son assentiment au maintien de la subvention.

La Commission, sur la demande d'un membre du Conseil supérieur des Haras, exprime le désir que la ville de Caen indique, d'une façon très-précise, dans ses frais généraux, toutes les dépenses d'entretien, de bâtiment, de constructions et autres qui lui incombent périodiquement à raison de l'exploitation de l'École de dressage.

Les tendances de la Commission du budget à réduire les subventions des écoles de dressage, en France, ayant été basées sur les recettes apparentes de certaines écoles, qui semblent réaliser des bénéfices, il y a lieu de mettre en évidence les charges directes et indirectes de ces établissements, pour pouvoir utilement, dans l'avenir, demander le rétablissement des crédits supprimés.

Ces crédits seraient d'autant plus utiles aujourd'hui, à l'École de Caen entre autres, que la Commission hippique a adopté, à l'unanimité, le vœu émis par le président de la Société d'encouragement, qu'un terrain d'entraînement fût annexé à l'École.

La Commission n'est pas d'avis que l'on augmente, à nouveau, la subvention du Cercle hippique lexovien, déjà augmentée l'année dernière des 500 fr., anciennement donnés à la Société hippique française, à Paris.

Un membre demande l'application du règlement qui interdit de faire primer les mêmes juments dans deux concours, comme Lisieux et Orbec.

La Commission exprime de nouveau le vœu que, en raison du nombre toujours croissant, de la qualité et du dressage des chevaux présentés dans les concours, le nombre des primes soit augmenté.

On rappelle qu'il y avait, autrefois, à Caen deux concours et qu'aujourd'hui il n'y en a plus qu'un qui est loin d'atteindre l'importance en prix qu'offraient les deux autres.

En présence des demandes nombreuses d'augmenter les stations d'étalons, formulées par nombre de Conseils généraux, en présence des termes du rapport rédigé par M. le Commandant de la 1re circonscription de remonte, annexé au procès-verbal, et tendant à prouver que le Calvados est encore loin de fournir la production d'élite que l'on est en droit d'attendre de lui, la Commission hippique approuve de tout point le projet de porter le nombre d'étalons des dépôts à 3,000.

Demande que le nombre des étalons de l'État soit porté à 3,000.

La Commission maintient également le vœu exprimé dans sa première réunion, le 5 mars 1880, et tendant à avancer les épreuves des pouliches, comme cela se fait au Haras du Pin, et cela pour les raisons exposées dans la séance du 5 mars.

Épreuves des pouliches primées.

La Commission hippique émet le vœu que l'Administration des Haras fasse rentrer dans les subventions qu'elle accorde aux poulinières les primes aux juments non suitées pour une cause fortuite ou accidentelle.

Primes des juments non suitées.

La Commission donne pour motif que la prime, dans l'esprit de la loi de 1874, est tout autant donnée pour conserver les juments aux pays d'élevage, que pour récompenser leurs produits.

La Commission, toutefois, demande qu'on n'accorde ce bénéfice qu'aux juments qui auraient déjà été primées comme suitées, et qu'on supprime la prime, si la jument se trouve non suitée plus de deux années de suite. Elle ne croit pas que les subventions doivent incomber au budget départemental.

Séance du 9 Janvier 1882.

La Commission consultative des questions hippiques
se réunit le 9 janvier 1882, à dix heures du matin, à la
Préfecture, sous la présidence de M. Monod, préfet du
Calvados.

Sont présents :

MM. le marquis DE CORNULIER, HENRY, LEGOUX-LONG-
PRÉ, GAUTIER, BRUNET, BALLIÈRE, LEPROVOST, BRION,
LESAUNIER, Léon REVEL, David BEAUJOUR, E. REVEL,
MARGRIN, J. BASTARD, GOST, HORNEZ, HERVIEU, ANNE,
DAUBIAN-DELISLE.

M. DAUBIAN-DELISLE, chef du cabinet du Préfet, secrétaire, donne lecture du procès-verbal de la dernière séance.

Le procès-verbal est adopté.

Décisions du Conseil général à la session d'août 1881.

M. LE PRÉFET fait connaître la suite donnée par le
Conseil général aux vœux de la Commission hippique.
La délibération de l'Assemblée départementale est con-
forme aux vœux de la Commission, sauf sur un point.

La Commission avait demandé que la subvention de
1,200 fr., accordée depuis 1862 à l'hippodrome de Falaise,
fût supprimée et reportée en partie aux Sociétés de courses
de Vire et de Pont-l'Évêque. Le Conseil général a maintenu à Falaise la subvention de 1,200 fr.; mais il a en

même temps augmenté de 500 fr. la subvention de l'hippodrome de Vire, et de la même somme celle de l'hippodrome
de Pont-l'Évêque.

M. Léon REVEL présente une observation au sujet du
concours d'Orbec. Il est convaincu que ce concours est
inutile ; au dernier concours il n'y a eu que 11 juments,
venant toutes de Lisieux, pour 11 primes. Le mieux serait
de ne faire qu'un concours à Lisieux.

M. BRION partage l'opinion de M. Revel.

M. LE PRÉFET fait observer qu'il n'y a pas lieu, pour
le moment, de discuter cette question. Au moment de la
préparation du budget départemental pour 1883, la Commission aura une occasion toute naturelle de faire connaître
son opinion à cet égard. Il est, du reste, probable, d'après
les renseignements qui viennent d'être fournis, que l'expérience de la réglementation nouvelle qui interdit aux
juments primées à Orbec de concourir à Lisieux *et vice
versa* sera décisive.

M. Léon REVEL déclare qu'il n'insiste pas.

M. HENRY exprime la reconnaissance de la Commission hippique pour le Conseil général, qui a accepté
dans sa presque totalité ses propositions pour les encouragements à accorder à l'industrie chevaline.

M. LE PRÉFET. — Dans la dernière séance de la Commission hippique, il été parlé, d'une manière incidente,
du projet de création à Pont-l'Évêque d'un concours de
poulinières. La Commission a écarté la question comme
n'étant pas à son ordre du jour. Mais de plus en plus
cette question s'est imposée à l'opinion. Une exhibition
importante de juments poulinières a eu lieu à Pont-
l'Évêque le 7 septembre dernier. Une polémique s'est
engagée dans la presse locale. Je reçois des visiteurs et
des réclamations qui me demandent ce que l'on se propose de faire. Bien que n'ayant jusqu'ici reçu aucune
pétition écrite, je crois devoir poser à la Commission la

*Projet de créa-
tion d'un concours
de juments pou-
linières à Pont-
l'Évêque : ajour-
nement.*

question de savoir si elle juge le moment venu de s'occuper de cette affaire.

M. Edmond HENRY rappelle qu'il s'est déjà occupé de cette question et qu'il l'a traitée dans le *Journal de Caen*, à la date du 20 octobre, avec toute l'attention et la bonne foi possibles. Il lit l'article en question.

M. HENRY regrette d'avoir lu dans le *Pays-d'Auge* des réponses à cet article dans lesquelles on l'accuse de partialité et dans lesquelles on attaque l'Administration des Haras, à propos des achats d'étalons, d'une façon aussi injuste que nuisible aux intérêts de l'élevage.

M. LEGOUX-LONGPRÉ demande à M. le Préfet si les fonds nécessaires à l'organisation du concours projeté sont assurés.

M. L. REVEL dit que, s'il s'agit simplement de scinder le concours d'Argences, les subsides accordés à ce concours unique suffiront pour les deux concours.

M. LE PRÉFET répond à M. Legoux-Longpré qu'il n'a aucune connaissance de subventions accordées ou promises pour cet objet.

M. L. REVEL dit qu'à l'exhibition de poulinières faite à Pont-l'Évêque le 7 septembre, à l'occasion du passage de M. Gambetta, des promesses ont été faites aux éleveurs de l'arrondissement de Pont-l'Évêque.

M. LEGOUX répond qu'il résulte des comptes-rendus et du texte des discours prononcés à Pont-l'Évêque, qu'il n'y a pas eu d'engagement pris.

M. L. REVEL. — On a au moins promis d'étudier la question.

M. HENRY croit qu'il n'a été, le 7 septembre, nullement question de partager entre Pont-l'Évêque et Argences les primes actuellement distribuées au concours d'Argences. Les éleveurs de Pont-l'Évêque affirmaient très-haut, au contraire, qu'ils n'entendaient faire aucun tort à ce concours. Il était seulement question de fonder un concours nouveau pour lequel l'arrondissement de Pont-l'Évêque devrait évidemment obtenir ou fournir des subsides. Il ajoute que l'élevage, en général, a un grand intérêt à ne pas laisser amoindrir le concours d'Argences.

M. L. REVEL répond que les éleveurs de Pont-l'Évêque sont dans leur rôle en s'occupant spécialement de leurs intérêts.

M. E. HENRY insiste et assure que la question de l'amoindrissement du concours d'Argences est une question vitale pour l'élevage normand en général, et que les éleveurs de Pont-l'Évêque eux-mêmes ont intérêt à ce que l'importance de ce concours ne soit pas diminuée.

M. REVEL expose que les éleveurs des cantons de Blangy et de Pont-l'Évêque doivent faire un trajet considérable pour conduire leurs juments au concours d'Argences ; que beaucoup d'entre eux s'abstiennent à cause de l'éloignement ; que leur prétention d'avoir leur concours, qui les dispense de ces déplacements onéreux, comme Vire, Bayeux, Falaise, Lisieux ont le leur, comme Orbec même a le sien, n'a rien que de très-juste et de très-fondé.

M. BRION fait remarquer que lui, M. Lemonnier et bien d'autres éleveurs dont les noms ne sont pas sans importance, appartiennent à l'arrondissement de Pont-l'Évêque et sont pourtant absolument opposés à toute mesure ayant pour conséquence d'amoindrir le concours d'Argences.

M. HENRY dit que, si le concours est établi à Pont-l'Évêque, le trajet à faire par les acheteurs, les amateurs, le jury, etc., surtout à raison de l'arrêt forcé à Lisieux, sera en somme beaucoup plus long.

M. REVEL répond qu'il est plus naturel d'allonger le trajet des amateurs ou des marchands, que de forcer des écuries entières à faire le long trajet de Pont-l'Évêque à Argences.

M. le marquis DE CORNULIER fait remarquer que si les intérêts locaux s'efforcent ainsi de se faire jour et de primer les intérêts généraux de l'élevage, il n'y aura plus de

3

raisons de s'arrêter ; il ne voit pas par exemple pourquoi Isigny ne demanderait pas à avoir son concours.

Plusieurs membres demandent la lecture de la pétition des éleveurs de Pont-l'Évêque.

M. LE PRÉFET répond qu'il n'en a reçu aucune et que celle qui a été rédigée en 1879 n'existe pas à la préfecture.

M. David BEAUJOUR dit qu'il était présent en 1879 à la séance du Conseil général au cours de laquelle cette pétition fut produite. Devant l'impression défavorable de l'assemblée départementale, le conseiller général qui l'avait présentée la retira, et elle ne fut pas discutée.

M. HENRY se demande si l'intérêt même des éleveurs de l'arrondissement de Pont-l'Évêque ne leur recommanderait pas de respecter le *statu quo*.

M. LEGOUX présente quelques chiffres à la Commission : il y avait à Argences, le 18 octobre 1881, 164 juments suitées ou non suitées ; environ 55 ont été amenées par des éleveurs demandant la création d'un concours à Pont-l'Évêque ; les mêmes éleveurs, sur 141 juments suitées et non situées inscrites pour le concours du 7 septembre à Pont-l'Évêque, y ont amené environ 90 poulinières. L'établissement du concours à Pont-l'Évêque a donc simplement occasionné de leur part, et cela à un mois et demi de distance, une augmentation dans le nombre de leurs présentations d'environ 35 poulinières. Or, il n'est nié par personne que l'exhibition de Pont-l'Évêque avait pour but l'obtention d'un nouveau concours pour l'arrondissement. On aurait donc pu croire que l'on y présenterait trois et quatre fois plus de juments de cet arrondissement qu'au concours d'Argences. L'auteur des articles du *Pays-d'Auge* soutient en effet qu'il y a dans l'arrondissement de Pont-l'Évêque 500 juments poulinières. Comment admettre que l'on n'ait pas fait tous les efforts possibles pour amener le 7 septembre toutes les juments pouvant justifier l'établissement du concours projeté ? Et c'est effectivement ce qui s'est produit. M. Legoux fait appel à M. Revel, qui était à

Pont-l'Évêque membre du jury. N'est-il pas vrai, lui dit-il, que l'on a multiplié les efforts dans ce sens ? N'a-t-on pas amené tout ce que l'on pouvait amener ? N'a-t-on pas vu à Pont-l'Évêque nombre de juments qui, dans d'autres circonstances, n'auraient pas figuré dans un concours ?

M. L. REVEL répond que l'ensemble était très-satisfaisant.

M. BEAUJOUR dit que l'on ne voit pas les moyens d'établir le concours de Pont-l'Évêque sans toucher au concours d'Argences. Or, ce serait là une mesure excessivement grave. Le concours d'Argences fonctionne bien ; les résultats en sont très-satisfaisants, puisque le nombre des juments qui y sont amenées ne fait que croître depuis dix ans. L'amoindrir serait, pour courir après des avantages incertains, causer un préjudice certain à l'élevage en général.

M. LE PRÉFET expose que pour ceux des membres de la Commission qui n'ont pas d'opinion faite sur la question, elle paraît, dans l'état actuel des choses, fort embarrassante à résoudre. La Commission ne lui paraît pas posséder les documents nécessaires pour asseoir un jugement réfléchi. L'Administration n'a entre les mains aucune pièce émanant des intéressés ; leurs désirs, leurs prétentions n'ont pas été nettement formulés. S'agit-il de distraire du concours d'Argences la totalité de l'arrondissement de Pont-l'Évêque ? Mais il paraît établi que nombre d'éleveurs des cantons de Cambremer et de Dozulé ont intérêt à aller à Argences. S'agit-il de restreindre le concours aux quatre cantons évidemment intéressés au concours de Pont-l'Évêque, les cantons de Pont-l'Évêque, de Blangy, de Trouville et de Honfleur ? Nous ne le savons pas. M. Legoux-Longpré vient de nous dire qu'on n'a conduit le 7 septembre, à l'exhibition de Pont-l'Évêque, que 35 juments de plus qu'au concours d'Argences ; mais sur celles qui ont été conduites à Argences, combien y en a-t-il qui auraient eu intérêt à aller à Pont-l'Évêque et à éviter ainsi un long voyage, cause de dépenses et de périls? Nous ne le savons pas. Et il faudrait le savoir pour ajouter ce nombre à celui de 35 relevé par M. Legoux-Longpré. De la protestation émanée des partisans d'Argences, il ressort que sur 544 juments appartenant à l'arrondissement de Pont-l'Évêque et amenées à Argences dans l'espace de dix ans, 360 étaient plus rapprochées d'Argences que de Pont-l'Évêque et 177 plus rapprochées de Pont-l'Évêque que d'Argences, ce qui donne une moyenne par an de 18 juments se rendant à Argences et qui iraient à Pont-l'Évêque si un concours y était tenu. Mais là encore ce nombre doit être complété par celui des juments qui ne sont pas conduites à Argences à cause de l'éloignement. Quel est ce nombre? Est-ce le nombre de 35 que semble indiquer le programme de l'exhibition du 7 septembre? Le vrai nombre de juments de concours intéressées au concours de Pont-l'Évêque serait-il donc, en moyenne annuelle, de 18+35, soit de 53? Ce nombre serait-il suffisant pour justifier la création d'un concours nouveau et la scission de l'ancien? Et encore, au moyen de quelles ressources fonctionnerait le nouveau concours? Se contenterait-on d'enlever à Argences une partie de ses primes? A-t-on l'espérance d'en obtenir de nouvelles de l'État? La ville de Pont-l'Évêque se propose-t-elle d'en accorder? Autant de questions qui sont loin d'être élucidées et qui devraient l'être pour que la Commission se prononçât en connaissance de cause. M. le Préfet exprime, en conséquence, l'opinion qu'avant de prendre une décision, la Commission prie l'Administration de procéder à une enquête tant sur les moyens financiers de l'entreprise projetée que sur la portée de cette entreprise elle-même et sur les véritables intérêts engagés à sa réussite.

M. HENRY dit que cette affaire se traite malheureusement à Paris au Ministère de l'Agriculture en dehors de la Préfecture du Calvados. La création d'un concours à Pont-l'Évêque et surtout l'établissement d'un concours départemental seraient de nature à modifier profondément le budget des subventions de l'État à l'industrie chevaline et le fonctionnement général des concours de poulinières.

Un concours ne peut être organisé à Pont-l'Évêque sans fonds. Il ne s'agit pas, on le voit, de demander purement et simplement un concours supplémentaire ; il faut examiner quelles sont les conséquences de cette demande du moment qu'on déclare ne pas vouloir provoquer la scission sans compensation aucune.

Il rappelle que c'est lui qui, le jour du concours du 7 septembre, dans un but de conciliation vis-à-vis de la ville de Pont-l'Évêque, proposa la solution qui, seule, lui paraissait possible pour donner satisfaction aux intérêts en cause, c'est-à-dire la création d'un concours départemental avec les fonds qui resteraient libres, si la ville de Pont-l'Évêque obtenait les fonds nécessaires.

Il conclut en disant : l'immense majorité de ceux qui ont voix délibérative dans cette question demande le *statu quo* s'il ne s'agit que de modifier ce qui existe. Toutefois, je suis décidé à prêter mon concours le plus actif pour arriver à la transaction proposée, transaction d'autant plus utile qu'elle réaliserait pour les propriétaires de poulinières cette augmentation de subvention que je demande depuis 10 ans, comme je l'ai fait encore une fois dans l'article sur le concours d'Argences que je viens d'avoir l'honneur de lire à la Commission.

M. L. REVEL dit que si l'Administration des Haras pouvait donner au futur concours de Pont-l'Évêque une subvention supplémentaire et si une somme égale était votée par la ville de Pont-l'Évêque ou le département, le concours nouveau pourrait fonctionner.

MM. BRION, HERVIEU, BASTARD insistent sur ce point que, même avec des subventions nouvelles, la mesure serait extrêmement fâcheuse.

M. le marquis DE CORNULIER, parlant dans le même sens, déclare que, selon lui, une scission serait la ruine du concours d'Argences, lequel ne serait certainement pas remplacé dans des conditions aussi avantageuses par le nouveau concours de Pont-l'Évêque.

M. L. REVEL admet, jusqu'à un certain point, que la scission enlèverait un peu de son lustre au concours d'Argences. Les deux concours séparés ne sauraient évidemment avoir chacun le même éclat qu'un seul. Mais au-dessus de cette question, il faut envisager l'intérêt des éleveurs.

M. David BEAUJOUR fait observer que ce qui fait l'importance d'un concours, ce n'est pas le nombre ou la quotité des primes qui y sont distribuées, mais les habitudes qui y sont prises, la vogue qu'il possède, l'affluence des amateurs et des acheteurs qui s'y rendent, l'importance des transactions qui s'y opèrent. Un concours comme celui d'Argences devient un marché d'une importance indiscutable, et ce serait une grave erreur que d'en diminuer la vogue en créant, avec quelques milliers de francs de primes, un nouveau concours.

M. L. REVEL répond que de nouveaux intérêts se sont créés à mesure que croissaient les progrès de l'élevage dans le Calvados. Il y a dix ans, on ne comptait pas plus de 100 juments au concours d'Argences ; il y en avait 164 cette année. A une situation nouvelle, il faut de nouvelles institutions. Le concours de Pont-l'Évêque sera la constatation des progrès obtenus.

M. LE PRÉFET, revenant sur l'incertitude des informations que possède la Commission, lui propose la motion suivante :

« La Commission hippique ajourne l'avis à donner sur « le projet d'établissement d'un concours de poulinières « à Pont-l'Évêque jusqu'à ce que l'Administration soit en « mesure de lui procurer des documents précis sur les « deux points suivants :

« 1° Quelles subventions pourraient être obtenues pour « cet objet ?

« 2° Quels sont les éleveurs intéressés au concours de « Pont-l'Évêque et combien de juments de concours re- « présentent-ils ? »

M. LEGOUX-LONGPRÉ propose d'ajouter qu'il n'y aurait dans aucun cas lieu de scinder le concours d'Argences.

M. LE PRÉFET estime que ce serait trancher dès maintenant la question, ce qu'il ne croit pas possible.

M. David BEAUJOUR voudrait que la Commission exprimât l'avis qu'il faut maintenir purement et simplement le *statu quo*.

M. LE PRÉFET fait remarquer que MM. Duchesne-Fournet et Julien n'assistent pas à la séance; qu'il est nécessaire, pour que la question soit loyalement et sérieusement traitée, que l'arrondissement de Pont-l'Évêque puisse se défendre et faire valoir ses raisons.

M. David BEAUJOUR.—Alors, que la Commission passe à l'ordre du jour, tout en indiquant, cependant, dès maintenant, son impression, qui est de s'opposer à toute modification au concours d'Argences.

M. HENRY insiste sur la nécessité de formuler, dès maintenant, une opinion. Il répète que l'affaire se traite directement à Paris, comme sont traitées et se traitent encore d'autres affaires du Calvados, en dehors de toute ingérence administrative hiérarchique. Cette façon de procéder est irrégulière et fâcheuse à tous les points de vue.

M. David BEAUJOUR.—C'est justement pour cela qu'il est bon que la Commission proteste contre cette manière d'agir.

M. LE PRÉFET prie instamment la Commission de ne rien inscrire dans son vote qui permette de préjuger son opinion. Cela ne serait d'aucune utilité, puisque la Commission paraît unanime à reconnaître que l'affaire devra lui revenir avec des renseignements plus complets. Mais cela aurait le grave inconvénient de frapper d'avance de suspicion sa décision future, si elle devenait défavorable. Il est très-important que la question reste entière.

M. David Beaujour, acceptant cette manière de voir, propose la motion suivante :

« La Commission hippique,

« Sur le projet d'établissement d'un concours de juments « poulinières à Pont-l'Évêque :

« Attendu que l'Administration n'est saisie d'aucune « demande écrite émanant des intéressés ;

« Attendu que le résultat poursuivi modifierait considé- « rablement des habitudes déjà prises, et qu'une décision « en ce sens ne saurait être adoptée avant une instruction « complète,

« Passe à l'ordre du jour. »

M. le Préfet retire sa motion et se rallie à celle de M. David Beaujour.

La motion est mise aux voix.

M. le Préfet. — La motion de M. David-Beaujour est adoptée à l'unanimité.

Projet de création d'un concours départemental de poulinières : demande d'instruction. M. le Préfet.—Il reste la question du concours départemental à instituer entre juments primées dans les concours partiels. Cette question est absolument indépendante de celle du concours de Pont-l'Évêque.

M. Bastard croit que les concours régionaux rendent inutile cette création.

M. le marquis de Cornulier est d'avis, comme M. Bastard, que cette institution ne serait aucunement justifiée et qu'elle ferait double emploi avec les concours régionaux.

M. Gost craint que la création d'un concours départemental à Caen ne soit un argument en faveur de la scission du concours d'Argences. Mais si cette scission avait lieu, il serait certainement très-utile d'avoir à Caen, au moment des achats d'étalons, un concours départemental qui serait l'occasion d'un marché très-important. On créerait ainsi un débouché immédiat aux étalons présentés à l'Administration des Haras et laissés à leurs propriétaires.

M. Legoux-Longpré informe la Commission qu'il est autorisé par M. le Maire de Caen à déclarer que, dans l'hypothèse de la création d'un concours départemental à Caen, le Conseil municipal est décidé à faire des sacrifices pour cet objet.

M. le Préfet lit une lettre de M. le Maire de Caen, exprimant ses regrets de ne pouvoir assister à la séance, et réservant les droits de la ville de Caen pour le cas où le concours d'Argences serait déplacé ou profondément modifié.

Après une courte conversation à ce sujet, la Commission invite l'Administration à étudier la question et à lui présenter un rapport à sa prochaine séance.

Sur la demande de M. Henry, la Commission prie MM. Henry, Mauger et Duchesne-Fournet, députés, et M. Delacour, conseiller général, membre du Conseil supérieur des Haras, de vouloir bien la représenter à Paris et défendre auprès de M. le Ministre de l'Agriculture et auprès du Conseil supérieur les intérêts de l'élevage normand. Elle leur recommande particulièrement le rétablissement des subventions aux Écoles de dressage et l'annexion d'un terrain d'entraînement à l'École de Caen. *École de dressage de Caen.*

M. Henry rapporte à la Commission un entretien qu'il a eu dernièrement avec M. le général Thornton. Celui-ci étudie en ce moment un nouveau système d'achats de chevaux de remonte. Les chevaux seraient achetés un an plus tôt, à 3 ans au lieu de 4 et payés le même prix. *Achats de chevaux de remonte : projet Thornton.*

M. Bastard croit que cet achat prématuré serait nuisible aux intérêts de l'agriculture.

M. Henry répond que l'éleveur ne connaît plus ainsi les risques de dépréciation et d'accidents dans la période critique de 3 à 4 ans.

M. Bastard insiste. Il croit que l'achat à 3 ans des chevaux enlevés ainsi à l'agriculture une année plus tôt porterait à celle-ci un grave préjudice. D'un autre côté, ce mode de remonte serait nuisible à l'armée à cause de la difficulté qu'éprouverait l'État à compléter l'élevage encore imparfait des chevaux de 3 ans.

M. BEAUJOUR pense qu'il y aura là une tentation fâcheuse offerte aux marchands de chevaux qui hâteront l'élevage du cheval pour le vendre à trois ans dans les meilleures conditions possibles au détriment de la valeur qu'il devrait acquérir par un élevage régulier et proportionné à sa croissance, et qui ne doit être achevé qu'avec le complet développement de l'animal.

M. BALLIÈRE fait observer que l'État ne ferait qu'un avantage apparent aux éleveurs en leur achetant à 3 ans un cheval au même prix que s'il en avait 4. Un cheval de 3 ans acheté pour la cavalerie légère serait évidemment vendu pour la cavalerie de ligne l'année suivante, et s'il était acheté à 3 ans pour la cavalerie de ligne, il le serait à 4 pour la cavalerie de réserve. Il y a donc encore là une véritable dépréciation à laquelle il faut joindre le grave inconvénient d'enlever à l'agriculture le cheval au moment où il lui rend le plus de services.

M. HENRY est heureux d'avoir provoqué ces observations.

M. Léon REVEL ajoute que les achats qui avaient autrefois lieu aux mois de janvier, février ou même mars, commencent actuellement au 1er novembre. Le cheval n'a pas encore 4 ans à ce moment-là. Ce mode d'achat est le plus avantageux, car il est subordonné aux époques pendant lesquelles le cheval peut acquérir son développement et rendre d'utiles services à l'agriculture.

M. LEGOUX est d'avis que, quelle que soit l'organisation projetée par le général Thornton, les chevaux auront à souffrir de ne pas être soignés par les éleveurs pendant la période de trois à quatre ans.

La séance est levée à midi.

Séance du 27 Mai 1882.

La Commission consultative des questions hippiques du Calvados s'est réunie le 27 mai 1882, à 9 heures du matin, à la préfecture du Calvados, sous la présidence de M. RUBIGNI, vice-président du Conseil de préfecture, représentant M. Monod, préfet du Calvados, retenu par une indisposition.

Étaient présents : MM. GAUTIER, PIERRE, BASTARD, HORNEZ, David BEAUJOUR, L. REVEL, LESGUILLON, LEPROVOST, BALLIÈRE, marquis DE CORNULIER, LEPROUX, BARANGER, GOST, L. DE BASLY, LEGOUX-LONGPRÉ, HENRY, MÉRIEL, JULIEN, LEBOURG, GAILLARD.

M. DAUBIAN-DELISLE, secrétaire, donne lecture du procès-verbal de la dernière séance.
Le procès-verbal est adopté.

Au début de la séance, M. RUBIGNI, vice-président du Conseil de préfecture, président, excuse M. le vicomte de Saint-Pierre, sénateur, que ses occupations ont retenu à Paris ; il donne à la Commission communication de lettres

de MM. Paul Duchesne-Fournet et Mauger, députés, Paul
Aumont, Toutain, Letellier et Amédée Hervieu, qui ne
peuvent assister à la séance. Il se fait également l'interprète des regrets de M. le Préfet qui, malgré son vif désir
de prendre part aux délibérations de la Commission, en a
été empêché par une indisposition, dont il est à peine
remis et dont les suites nécessitent encore pour lui un
repos absolu.

Observations
critiques au sujet
du programme du
Concours régional
hippique de St-Lô :
vœu en faveur de
la remise de tous
les concours hip-
piques à la direc-
tion générale des
Haras.

M. le Président rappelle le but de cette réunion de la
Commission hippique : l'examen du programme du concours régional de St-Lo, afin de soumettre en temps utile,
à M. le Ministre de l'Agriculture, les modifications qui
paraîtront devoir y être apportées pour la rédaction du
programme du concours régional qui aura lieu à Caen
en 1883.

M. Legoux-Longpré, secrétaire de la Société d'encouragement du cheval français de demi-sang, commissaire des
courses du cheval français de demi-sang et des courses de
Caen, St-Lô, Flers, Falaise, Vire, Vincennes, Cabourg,
présente au nom de MM. Cornulier, Gost, Pierre, Brion,
de Basly, Bastard et au sien, un vœu tendant à demander
à M. le Ministre de l'agriculture de confier à la Direction
des Haras, et non à la Direction de l'Agriculture, la rédaction des programmes des concours régionaux hippiques.

M. L. Revel croit qu'il serait bon d'appuyer ce vœu sur
les raisons qui déterminent ces messieurs à les présenter.

M. Henry, député, répond qu'il sera facile de le faire.
La Direction de l'Agriculture a adopté dans la rédaction
du programme du concours régional de St-Lô, une
classification des chevaux en anglo-normands et carrossiers, en animaux propres à la selle et l'attelage léger, qui
ne correspond en aucune façon aux habitudes de l'élevage normand.

M. le Président fait remarquer que c'est précisément
à cause de cette classification défectueuse qu'il est néces-

saire d'examiner, avec soin, le programme du concours régional de la Manche. M. le Préfet se propose de se rendre à St-Lô et de soumettre à M. le Ministre de l'Agriculture les observations qui auront été faites par la Commission hippique.

M. le marquis DE CORNULIER, président de la Société d'encouragement du cheval français de demi-sang, dit que le Gouvernement a cru devoir confier à une Administration spéciale, qui est l'Administration des Haras, toutes les questions intéressant l'élevage du cheval; il y a donc une anomalie évidente à ne pas confier à cette même Administration la rédaction des programmes des concours régionaux hippiques.

M. E. HENRY pense que ces observations sont très-justes et qu'il est bon de les présenter à M. le Ministre de l'Agriculture.

M. LEGOUX-LONGPRÉ compare les programmes du concours régional de Caen en 1875 avec le programme du concours de St-Lô. Dans ce programme, nous voyons cette classification anormale: *anglo-normands, carrossiers, selle, attelage léger, etc.*

Où s'arrête chaque catégorie?

Qu'entend-on par: *animaux non compris dans les autres catégories?*

Dans le programme du concours régional de Caen en 1875, les catégories de race de demi-sang et de trait correspondent beaucoup mieux aux habitudes actuelles.

M. LEGOUX donne lecture du programme du concours régional des animaux reproducteurs de l'espèce chevaline à Caen, en 1875.

Après cette lecture, un grand nombre de membres réclament avec instance que l'on revienne à cette classification, et que la rédaction des programmes soit confiée à l'Administration des Haras.

M. DE BASLY croit qu'il serait à souhaiter qu'un concours de chevaux de pur-sang fût annexé au concours de chevaux de demi-sang et de trait. Quelques médailles suffiraient certainement, et l'on pourrait exhiber des sujets hors ligne, tels que ceux des haras de MM. Aumont, de Rotschild, de Berteux, Rœderer, Le Gonidec, baron Schikler, Lagrange, etc.

M. le Président demande si ce serait une innovation.

M. Bastard. — Non, cela s'est déjà fait à Alençon et à Rouen.

Quelques membres font observer qu'il y a lieu de trancher d'une façon catégorique la question des programmes avant de discuter celle qui vient d'être soulevée par M. de Basly.

M. le marquis de Cornulier insiste sur l'anomalie qui consiste à confier à la Direction de l'Agriculture des travaux qui lui sont étrangers pour en enlever le soin à la Direction des Haras, dont la compétence est reconnue et qui a pour mission spéciale de s'occuper de ces sortes de questions.

M. David Beaujour, président de la Chambre de commerce de Caen, pense qu'il y a lieu d'insister d'une façon toute particulière pour que ces attributions soient rendues à l'Administration des Haras. Il y a là une question de principe, et c'est à ce seul point de vue qu'il faut se placer. On dira peut-être, en effet, que le ministère de l'Agriculture existe depuis peu de temps, que l'expérience qui fait encore défaut à la Direction qui a rédigé le programme de St-Lô ne saurait manquer de s'acquérir; mais puisqu'aucune plainte ne s'élevait contre l'Administration des Haras lorsqu'elle était chargée de ce travail, pourquoi le confier à d'autres qui auraient beaucoup à faire pour le ramener à bonne fin?

M. Legoux-Longpré propose à la Commission hippique d'émettre les vœux suivants :

La Commission hippique,
Considérant que l'Administration des Haras a pour mis-

sion spéciale l'étude de toutes les questions qui intéressent l'amélioration de la race chevaline;

Que la rédaction des programmes des concours régionaux hippiques rentre dans ses attributions;

Qu'aucune plainte ne s'est élevée contre cette rédaction lorsqu'elle était confiée à la Direction des Haras;

Émet le vœu:

1° Que l'Administration des Haras soit seule chargée de l'étude des questions hippiques;

2° Que la rédaction des programmes des concours régionaux hippiques lui soit entièrement confiée;

3° Que l'inspecteur général des Haras soit président et commissaire général du concours hippique;

4° Que le programme du concours régional de Caen soit rédigé en tenant compte des critiques exprimées par la Commission au sujet de la rédaction du programme de St-Lô.

M. LE PRÉSIDENT met ces vœux aux voix. Ils sont tous votés à l'unanimité.

M. DE BASLY revient à la question du concours de chevaux de pur-sang au concours régional de Caen.

Participation des pur-sang au Concours de 1883.

M. LEGOUX-LONGPRÉ donne à la Commission lecture d'une lettre de M. Paul Aumont à ce sujet. M. Aumont pense qu'il serait très-utile que les chevaux de pur-sang fussent représentés au concours régional. Il proposerait les catégories suivantes:

1re catégorie. — Étalons de pur-sang de tout âge.

2e catégorie. — Poulinières de pur-sang, suitées ou non, de tout âge.

3e catégorie. — Yearlings, c'est-à-dire poulains de pur-sang, nés cette année, et qui auront un an à dix-huit mois au moment du concours.

Enfin une catégorie de poulains de demi-sang, du même âge, élevés en vue des courses au trot.

M. Aumont est donc d'avis qu'il y a lieu de faire figurer les chevaux de pur-sang au concours régional de Caen.

M. de Salverte, commissaire des courses de Caen, a bien voulu, de son côté, consulter à cet égard quelques éleveurs.

M. Legoux-Longpré donne lecture d'une lettre de lui; sans doute, un concours de chevaux de pur-sang, au moment du concours régional de Caen, aurait de grands avantages; mais ces exhibitions n'ont pas réussi à Nantes et à Alençon, comme on aurait pu l'espérer. Les éleveurs ne se soucieront pas toujours de faire courir à leurs animaux des chances d'accident et de maladie; et au mois de juin, époque du concours de 1883, on ne voudrait peut-être pas se priver pendant quelques jours des services d'un étalon, pour le cas où une jument du Haras aurait besoin d'être resaillie.

M. Revel pense qu'il sera difficile de faire figurer au concours régional de Caen les chevaux de pur-sang.

M. D. Beaujour demande quels sont les inconvénients qu'il y aurait à les faire figurer au programme.

M. Legoux-Longpré répond que Caen est un centre hippique très-important, et qu'il serait très-fâcheux de faire une tentative qui pourrait n'être pas suivie de succès. Ne serait-il pas regrettable, par exemple, d'avoir affecté cinq médailles à ce concours pour les voir disputer par *Salvator* et *Saxifrage*, à M. Aumont, sans autres concurrents? M. Aumont s'engage à envoyer ses chevaux au concours régional, les autres propriétaires de pur-sang de la région en feront-ils autant?

M. D. Beaujour pense qu'il n'y a pas d'inconvénient à ne présenter au concours qu'un très-petit nombre de chevaux de pur-sang, mais qu'il y a, en revanche, un grand avantage à prouver que nous pouvons présenter des sujets hors ligne comme ceux dont on a parlé tout à l'heure.

M. Legoux-Longpré est loin de penser que les chevaux de pur-sang manqueraient au concours si leurs propriétaires se décidaient à les y conduire; il cite les nombreuses écuries de la circonscription dont il a été parlé plus haut.

M. LE PRÉSIDENT met aux voix la question d'un concours de chevaux de pur-sang au Concours régional de Caen, en 1883.

La Commission hippique demande à l'unanimité l'annexion de ce concours, en laissant à l'Administration supérieure le soin de s'occuper du détail de son organisation.

M. LE MAIRE de Caen prie MM. les Membres de la Commission de l'excuser d'interrompre pour quelques instants leur discussion; mais il est forcé de quitter la séance et voudrait demander à la Commission hippique son avis sur l'organisation de courses au trot et au galop sur l'hippodrome de Caen, au moment du Concours régional. La ville de Caen aurait tout intérêt à voir cette réunion de courses ajouter de l'éclat à ses fêtes, et est disposée à faire les sacrifices nécessaires pour l'obtenir.

M. REVEL dit que des courses ne manqueraient pas d'apporter beaucoup de relief au Concours régional. Cette communication est accueillie d'une façon unanimement favorable par tous les membres de la Commission.

M. LEPROUX dit que l'on pourrait peut-être, pour cette année-là, mettre à cette époque les courses au trot.

M. E. HENRY n'est pas de cet avis; il faut une réunion de courses brillante et organisée spécialement pour la circonstance, au lieu de se contenter, ainsi que le propose M. Leproux, de transporter à cette époque de l'année les courses au trot qui ont lieu à la suite des grandes courses au galop du mois d'août.

M. DE BASLY pense qu'il faut que la ville de Caen prenne la direction de la réunion des courses proposées.

M. MÉRIEL répond qu'il est bien entendu que la ville

Réunion de courses au moment du Concours régional à Caen.

4

de Caen se chargerait de cette organisation, mais qu'on aurait recours à un comité de patronage composé des commissaires des différentes courses.

M. Legoux-Longpré fait observer que les tribunes du Champ-de-Courses de Caen appartiennent à la Société des Courses de Caen, mais qu'une clause du traité passé entre cette Société et la Ville permettra de lui prêter les tribunes pour la réunion projetée. Pour que le projet dont il est question puisse réussir, il faut un accord préalable de la ville de Caen, de la Société des Courses de Caen et de la Société du cheval de demi-sang. Il faut qu'on organise une réunion brillante; mais une réunion de ce genre ne peut s'organiser sans des dépenses considérables, car il faut avoir beaucoup de grands prix pour que l'attraction soit suffisante et la réunion intéressante.

M. le Maire de Caen demande si l'on ne pourrait pas se contenter de courses au trot.

M. Legoux-Longpré répond que les courses au trot qui ont une utilité pratique indiscutable, et qui attirent beaucoup de monde en temps ordinaire, n'auraient pas l'attrait nécessaire pour le public qui affluera à Caen au moment du concours régional. Il faut une réunion très-brillante, des courses au galop, et la concurrence faite par les hippodromes qui se multiplient sans cesse, nécessite des prix sérieux et nombreux. Caen doit, du reste, soutenir sa réputation; placée au centre de l'élevage normand, notre ville doit *faire grand*. Une réunion sans importance au moment du concours régional produirait le plus fâcheux effet.

M. le Maire de Caen assure que l'intention de la municipalité a toujours été d'avoir des courses brillantes à ce moment-là; il promet l'appui du Conseil municipal pour une subvention aussi large que possible.

M. de Basly insiste sur la nécessité d'une réunion de courses au galop. Ce qu'il faut à ce moment-là, en effet, c'est un spectacle, et bien que l'intérêt des éleveurs leur commande de demander les courses au trot, il faut reconnaître que des courses au golop seules atteindront le but que l'on se propose de donner de l'éclat aux fêtes à Caen au moment du concours régional.

Du reste, ajoute M. LEGOUX-LONGPRÉ, les courses au trot sont organisées par la Société d'encouragement, qui est locataire de l'hippodrome, et bien que la meilleure entente existe entre cette Société et la Société des courses de Caen, il vaut mieux que la réunion comprenne à la fois des courses au trot et au galop.

M. LE PRÉSIDENT met aux voix la motion suivante :

La Commission hippique émet un avis favorable à la propoposition de M. le Maire de Caen tendant à l'organisation à Caen, au moment du concours régional de 1883, d'une réunion de courses au trop et au galop.

La motion est adoptée à l'unanimité.

M. LESGUILLON demande que l'époque des concours régionaux soit reculée. Les juments ont été saillies depuis peu de temps, au mois de juin, époque actuelle des concours, et les déplacements auxquels on les oblige peuvent avoir des inconvénients.

Époque des concours régionaux.

M. BASTARD pense qu'on ne gagnerait rien à faire reculer l'époque des concours régionaux, et que deux ou trois mois plus tard les inconvénients signalés par M. Lesguillon existeraient encore.

M. LE PRÉSIDENT. — La Commission veut-elle émettre un vœu sur cette question ?

M. L. REVEL pense que ce serait dangereux. La date des concours régionaux n'est pas fixée uniquement en vue des exhibitions chevalines ; on ne pourrait reculer l'époque des concours régionaux hippiques qu'en les séparant du reste des concours, ce qui serait fâcheux.

Le vœu présenté par M. Lesguillon n'est pas adopté.

Primes aux ju-
ments non suitées. M. Leproux a constaté dans le programme que les prix décernés aux juments des diverses catégories ne sont donnés qu'aux juments pleines ou suitées. Il n'est cependant pas juste de ne pas permettre à un éleveur d'avoir un prix parce qu'un accident quelconque aura empêché sa jument d'être pleine, et il demande que lorsque la saillie sera constatée, l'éleveur, qui est déjà assez malheureux de ne pas avoir de poulain, puisse cependant faire concourir sa jument.

M. Legoux-Longpré lit à ce sujet un passage d'une lettre de M. Amédée Hervieu. « Il ne faut pas exclure les « juments qui sont non suitées, soit par accident, soit « parce qu'elles ne se sont pas trouvées pleines; l'éleveur « a besoin de cette compensation pour l'indemniser de la « perte qui résulte pour lui de ne pas avoir de poulain. »

Il fait remarquer que le Conseil général s'est occupé de cette question l'année dernière au sujet de la rédaction du programme du concours de poulinières d'Argences et qu'il a donné satisfaction à ce vœu.

Il donne lecture de ce passage du programme d'Argences :

« Art. 5. — Un concours spécial pour les juments non suitées aura lieu, dans chaque réunion, à la suite du concours des juments suitées.

Seront admises à concourir :

1° Les juments âgées de 4 ans qui, ayant été saillies à 3 ans, ne seraient pas suivies d'un poulain, pourvu qu'elles aient été fécondées dans l'année du concours, ce dont il sera justifié par la présentation de la carte de saillie ;

2° Les juments non suitées, âgées de plus de 4 ans, qui justifieraient de la même manière d'une production dans une des deux années antérieures au concours et aussi de la saillie dans l'année même de ce concours. »

M. Legoux-Longpré propose en conséquence à la Commission d'émettre le vœu suivant :

« La Commission hippique émet le vœu que, en ce qui

concerne les juments non suitées ou vides, le programme du Concours régional soit rédigé, conformément à la rédaction adoptée par le Conseil général, pour le concours de poulinières d'Argences. »

Ce vœu est mis aux voix et adopté à l'unanimité.

M. Hornez demande la suppression de l'article 7 du programme de Saint-Lô, ainsi conçu :

Un exposant peut-il recevoir plusieurs prix dans la même section ? Solution affirmative.

« Art. 7. — Un exposant ne pourra recevoir qu'un seul prix dans chaque section de chacune des catégories; il pourra, toutefois, présenter autant d'animaux qu'il voudra dans chaque section. »

M. D. Beaujour est de l'avis de M. Hornez; on prime les animaux et non pas les éleveurs, et il paraît absurde de ne pas primer, dans la même catégorie, deux animaux qui le méritent, pour la seule raison qu'ils appartiennent à un même propriétaire; système d'ailleurs contraire à tous les précédents.

Tous les membres de la Commission partagent entièrement cette opinion.

La Commission hippique émet le vœu que l'article 7 du programme du Concours régional de St-Lô soit supprimé dans la rédaction du programme du Concours régional de Caen en 1883.

M. le Président pense qu'il serait bon de lire d'un bout à l'autre le programme du concours hippique de St-Lô, afin qu'il ne puisse rien échapper à l'attention de MM. les Membres de la Commission de ce qui doit être l'objet de leurs critiques.

Il donne lecture du programme.

La Commission émet d'une manière formelle le vœu que la classification des chevaux anglo-normands, carrossiers, etc., etc., ne soit pas maintenue et soit remplacée par celle-ci : chevaux de pur-sang, de demi-sang et de trait.

Classification générale.

Définition du mot : *élevés* **chez l'exposant.**

MM. Leproux, Anne, Lesguillon et L. Revel demandent que le mot *nés* soit supprimé dans la phrase suivante du paragraphe qui a rapport au prix d'ensemble décerné à la plus belle collection des juments de la première catégorie :

« *Chacun des lots concourant pour le prix d'ensemble* « *devra être composé de trois animaux de même race,* « nés *et élevés chez l'exposant* » (p. 5 du programme de de St-Lô).

La suppression du mot *nés* est votée à l'unanimité.

M. le marquis de Cornulier dit qu'il serait bon de définir exactement ce que l'on entend par *élevés chez l'exposant* dans la phrase précitée.

Après une courte discussion, la Commission décide que l'on doit entendre par le mot *élevé, devenu la propriété de l'éleveur dans la première année de sa naissance.* Le mot *nés* devient donc inutile dans la rédaction de la phrase citée plus haut ; la Commission en demande la suppression.

Nombre de prix supérieur pour les juments de quatre ans.

Les Membres de la Commission, sur la proposition de M. Legoux-Longpré, sont d'accord pour demander qu'il soit attribué aux juments de demi-sang de quatre ans et au-dessus, un chiffre de prix plus important qu'à la catégorie de juments de trois ans, et que le contraire ait lieu pour les étalons.

Concours de maréchalerie.

M. Legoux-Longpré ajoute qu'il est à désirer que le concours de maréchalerie qui existait en 1875 au concours de Caen, et qui ne figure pas au concours de Saint-Lô, soit rétabli en 1883 au concours de Caen.

Le concours de maréchalerie est réclamé d'une façon unanime par la Commission.

M. Legoux-Longpré demande qu'un prix d'ensemble Prix d'ensemble. soit accordé à chacune des catégories suivantes :

Étalons de pur-sang ;
Juments de pur-sang ;
Étalons de demi-sang ;
Juments de demi-sang ;
Étalons de trait ;
Juments de trait.

M. L. Revel croit que l'on ne peut, dans l'établissement des prix, assimiler les étalons aux juments. Les étalons, en effet, sont destinés à être vendus ; les juments, au contraire, restent. Il pense qu'il vaudrait mieux établir un prix d'honneur pour un étalon reconnu supérieur.

M. D. Beaujour est de l'avis de M. L. Revel. Les étalons s'en vont, les éleveurs cherchent à les vendre, tandis que les juments restent pour constituer des écuries et des jumenteries. C'est dans ce but que les prix d'ensemble ont été établis. Il ne semble pas qu'il y ait lieu d'en accorder aux étalons.

M. le Président propose à la Commission de voter, sur la proposition de M. Legoux-Longpré, relativement à la création d'un prix d'ensemble par catégorie.

M. L. Revel insiste et réclame un prix d'honneur pour l'étalon reconnu le plus beau et le meilleur, un prix hors classe.

M. Legoux-Longpré répond que cet étalon aura un prix d'honneur qui sera le premier prix de sa catégorie, et que cela ne doit pas empêcher de demander la création du prix d'ensemble.

M. le Président met aux voix la proposition de M. Legoux-Longpré, et la Commission réclame, par son vote, la création d'un prix d'ensemble, dans chaque catégorie, aux mêmes conditions de nombre et d'époque de possession qui ont été fixés pour le prix de même nature pour les juments.

Hippodrome de Vire. — Affectation exclusive de la subvention annuelle pour les épreuves de pouliches, aux pouliches de cet arrondissement.

M. DE BASLY demande que la partie de l'allocation annuelle accordée par le Conseil général et le Gouvernement, pour les épreuves de pouliches primées dans les concours du Calvados et affectée à l'hippodrome de Vire, soit entièrement abandonnée aux pouliches de cet arrondissement, dont les efforts commencent à être couronnés de succès et qu'il est bon d'encourager. Les pouliches de la Vallée-d'Auge sont supérieures d'une façon générale à celles de l'arrondissement de Vire, et elles viennent sur cet hippodrome glaner des petits prix qui doivent rester dans cet arrondissement, dont les éleveurs ont besoin d'être soutenus.

M. LEPROUX assure que les pouliches de la Vallée-d'Auge ne vont pas à Vire pour y disputer des prix, mais pour se débarrasser plus promptement de l'épreuve qui leur est imposée avant de toucher les primes auxquelles elles peuvent avoir droit.

M. JULIEN, conseiller général, fait observer que ce serait donner un brevet d'infériorité à l'arrondissement de Vire que d'émettre le vœu proposé par M. de Basly.

M. LEGOUX répond qu'il est chargé, par les Commissaires des Courses de Vire, de le présenter à la Commission.

La Commission hippique émet le vœu :

Que la subvention allouée à l'hippodrome de Vire pour les épreuves de pouliches, soit uniquement distribuée en primes aux pouliches de cet arrondissement, primées au concours de Vire.

La séance est levée à midi.

Séance du 26 juillet 1882.

La Commission consultative des questions hippiques du Calvados s'est réunie le 26 juillet 1882, à neuf heures du matin, sous la présidence de M. Monod, préfet du Calvados.

Étaient présents : MM. Anne, de Basly, Bastard, David Beaujour, Brion, le marquis de Cornulier, Duchesne-Fournet, Gost, Hornez, Julien, Lebourg, Legoux-Longpré, Lemonnier, Leproust, Lesguillon, Letellier, Margrin, Mériel, Pierre, Revel.

M. Daubian-Delisle, secrétaire, donne lecture du procès-verbal de la dernière séance.

Le procès-verbal est adopté.

M. le Préfet prend la parole dans les termes suivants :

« Messieurs,

« Avant d'aborder les questions budgétaires portées à votre ordre du jour, je dois vous rendre compte de ce qui a été fait par l'Administration départementale pour donner suite à votre délibération du 27 mai dernier.

« Par cette délibération, vous demandiez qu'en 1883, à Caen, ce fût la Direction des Haras qui fût chargée de la préparation et de l'organisation du Concours hippique.

« A la suite de cette délibération, j'ai écrit à M. l'Inspecteur général de l'agriculture pour lui demander quel jour je pourrais lui faire part des observations de la Commission. Il me répondit que je le trouverais à St-Lô, mais sans m'indiquer le jour où les réclamations seraient reçues en séance publique. Quand j'arrivai à St-Lô, cette séance venait d'avoir lieu. Le procès-verbal contenant vos légitimes demandes avait été produit ; mais M. l'Inspecteur général me dit que, trouvant ce document conçu en termes trop énergiques, il ne se proposait pas de le joindre à son rapport.

« Je constatai sur les lieux le résultat du programme préparé par la Direction de l'Agriculture pour le Concours hippique de St-Lô. Vous savez qu'en présence de ce programme, le Conseil général s'est décidé à organiser, à ses frais, un concours annexe, de sorte qu'il y avait à St-Lô deux concours hippiques juxtaposés, le concours organisé par l'État et le concours départemental.

« Ce fut quand M. le Ministre visitait ce concours départemental que j'eus l'honneur de lui présenter un certain nombre d'éleveurs du Calvados. Un des membres de la Commission hippique, M. Bastard, prit la parole et développa vos vœux. J'insistai dans le même sens, et M. le Ministre nous promit d'étudier la question en vue du concours régional de 1883.

« En rentrant à Caen, j'adressai à M. le Ministre de l'Agriculture, la lettre suivante :

« Monsieur le Ministre,

« Avant-hier, à Saint-Lô, j'ai eu l'honneur de vous présenter, de concert avec M. de Saint-Pierre, sénateur, et MM. Mauger et Edmond Henry, députés, un certain nombre d'éleveurs du Calvados qui, en vue du concours régional de 1883, vous ont respectueusement soumis leurs désirs pour la rédaction de la partie de ces programmes intéressant la race chevaline.

« Je vous adresse, pour faire suite à cet entretien, le procès-verbal de la séance tenue le 27 mai dernier par la Commission consultative des questions hippiques du Calvados.

« Cette Commission se compose de ce que le Calvados offre de plus considérable et de plus compétent dans une matière qui a pour ce département une importance capitale, et elle est consultée par l'Administration dans toutes les questions intéressant l'amélioration de la race chevaline.

« L'arrêté du 18 octobre 1880, et la rédaction du programme du concours régional de Saint-Lô avaient soulevé, dans le Calvados, une grande émotion.

« Les intérêts hippiques y étaient traités d'une manière qui parut si défavorable à la région, que l'on ne fut pas surpris de voir que le département de la Manche se trouvait dans l'obligation d'organiser un concours annexe, et que, de tous côtés, on me pria de réunir la Commission hippique et de chercher à éviter pour l'année prochaine, où le concours régional doit se tenir à Caen, une dualité des plus préjudiciables aux intérêts en présence, et que vous jugerez, Monsieur le Ministre, des plus fâcheuses pour l'Administration elle-même.

« Je convoquai donc la Commission hippique pour le 27 mai. L'ordre du jour portait : Examen du programme du concours régional de Saint-Lô.

« J'eus le chagrin de ne pas assister à cette séance, étant, ce jour-là, indisposé et alité. Si j'eusse été présent, je me fusse efforcé d'atténuer ce que les termes du procès-verbal que je vous envoie peuvent avoir d'un peu trop énergique. Je serais désolé que la Direction de l'Agriculture en prit ombrage, bien qu'elle ne puisse guère s'offenser de ce que l'on constate qu'elle s'est trompée dans une matière qui ne rentre pas dans ses attributions, et de ce que l'on réclame que la rédaction des programmes hippiques soit confiée à ceux qui sont spécialement institués pour s'occuper des questions chevalines. Or, c'est évidemment la rédaction même du programme de Saint-Lô, en dehors de toute autre information, qui a révélé aux personnes compétentes que ce n'était pas la Direction des Haras qui en avait été chargée.

« La vivacité même des critiques formulées, et qui, je le répète, me paraît excessive, est bien remarquable si l'on considère, d'une part, la gravité, la situation considérable des personnes présentes à la séance; et, d'autre part, l'unanimité avec laquelle les vœux ont été votés. Il y avait là M. David-Beaujour, président de la Chambre de commerce; M. le marquis de Cornulier, président de la Société d'encouragement du cheval de demi-sang; M. Edmond Henry, député; M. Legoux-Longpré, secrétaire de la Société d'encouragement, un des hommes les plus compétents de France dans les questions chevalines; M. le Maire de Caen et bien d'autres qui, comme je l'ai dit, occupent dans leur pays une grande situation. Pour que de tels hommes, et dans un pays tel que celui-ci, aient été unanimement entraînés à donner à leurs vœux une forme aussi accentuée, il faut non-seulement que la pression de l'opinion ait été sur eux bien forte, — cela n'eût pas suffi pour les engager à ce point, — mais que la question leur fût familière, et que la justice de leurs réclamations leur apparût dans une évidence décisive.

« En résumé, et en laissant de côté la forme, que demande la Commission hippique ?

« Elle demande, Monsieur le Ministre, que vous, qui arrêtez le programme des différentes parties du concours régional, vous vous adressiez pour la partie purement agricole à la Direction de l'Agriculture, et pour la partie hippique à la Direction des Haras; que chacun traite la matière pour laquelle il a une aptitude spéciale; que les

Haras, qui connaissent si bien cette région, et lui ont rendu ces services auxquels vous payiez un juste tribut d'hommages au banquet de Saint-Lô, préparent dans l'avenir, comme ils l'ont fait dans le passé, les programmes des concours de chevaux,—et que la Direction de l'Agriculture, qui veille si fructueusement aux intérêts vitaux dont elle a la garde, et les a avec tant de succès défendus jusqu'à ce jour, n'étende pas ses attributions au-delà de sa compétence, et consente à continuer à se restreindre à la tâche à laquelle elle est propre. Prise simplement en elle-même, cette demande paraît bien légitime, bien justifiée.

« A l'appui de cette demande, la Commission, par l'organe de M. Legoux-Longpré, appuyé en cela par tous les membres présents, a prié que l'on voulût bien se reporter au programme qui, en 1875, a servi pour le concours hippique organisé par le département, et annexé au concours régional (page 4 du procès-verbal). Il semble qu'il doive être facile et très-juste de donner satisfaction à la Commission sur ce point. Je joins à la présente lettre un exemplaire du programme de 1875.

« La Commission demande encore « que l'Inspecteur *général des Haras soit Président et Commissaire général du concours hippique*. » C'est là une question d'organisation sur laquelle il m'est un peu difficile de donner mon opinion. Néanmoins, et quelque attraction qu'offre en France et dans l'administration française l'habitude de l'unification, l'on ne voit pas à première vue pourquoi le ministère, qui comprend deux grandes directions, celle de l'agriculture et celle des haras, ne chargerait pas la première de l'organisation du concours en ce qui concerne la partie agricole et la seconde de l'organisation du concours en ce qui concerne la partie hippique.

« Enfin, la Commission hippique du Calvados demande qu'un concours de chevaux pur-sang soit annexé au concours régional. Là-dessus, je m'en rapporte absolument à l'avis qui sera émis par la Direction des Haras. Il est

possible que celle-ci pense que le pur-sang est suffisamment récompensé par des moyens autres que les concours
régionaux. « Cependant, la beauté et la vigueur du pur-
sang ne sont pas indifférentes à l'agriculture ; car sans
pur-sang, pas de demi-sang, et le cheval demi-sang
rend à l'agriculture des services que je ne pense pas que
l'on songe à contester.

« Ainsi se résume, Monsieur le Ministre, la première
partie du procès-verbal que j'ai l'honneur de placer sous
vos yeux, et que, confiant dans les déclarations si bien-
veillantes que vous nous avez faites avant-hier, je prends
la liberté de recommander à votre attention.

« Veuillez agréer, Monsieur le Ministre, etc.

« *Signé :* Henri-Ch. Monod. »

Ne recevant pas de réponse à cette lettre, et certains
indices m'ayant donné lieu de penser que la Direction
de l'Agriculture continuait à être chargée de préparer
le programme hippique pour le Concours régional de
1883, je partis pour Paris. J'ai eu l'honneur d'être
reçu hier par M. le Ministre. Après m'avoir entendu,
M. de Mahy s'est exprimé dans les termes suivants :
« La partie hippique du concours régional qui se tiendra
à Caen, en 1883, sera préparée et dirigée par la Direction
des Haras ; je vous le promets, et je vous autorise à dire
que je vous l'ai promis. »

Cette assurance donne pleine satisfaction à la Commission hippique du Calvados, et elle jugera sans doute
devoir exprimer sa reconnaissance à M. le Ministre.

La nouvelle donnée par M. le Préfet est accueillie par
des marques unanimes de satisfaction.

M. Bastard dit que tous les éleveurs devront se réjouir
de ce succès. La question qui s'agitait avait une importance capitale pour l'avenir de l'élevage.

Sur sa proposition, la Commission vote à l'unanimité des remerciements à M. le Préfet.

M. LE PRÉFET dit que la justesse et l'énergie des observations présentées dans la séance du 27 mai lui ont rendu sa tâche facile. Il reporte à M. le Ministre les remerciements de la Commission.

La Commission charge M. le Préfet d'exprimer à M. le Ministre sa profonde gratitude et son entière confiance dans les assurances données à M. le Préfet.

L'ordre du jour appelle la préparation, en vue de la session d'août du Conseil général, du budget des encouragements à accorder par le département du Calvados à l'industrie chevaline, pour l'année 1883.

Budget de 1883.

M. LE PRÉFET donne successivement lecture des rapports de MM. les Présidents des courses de Caen, de Falaise, de Deauville, de Cabourg, de Pont-l'Évêque et de Vire. Tous constatent l'état satisfaisant de ces sociétés et plusieurs demandent une augmentation des subventions accordées par le département.

Sociétés de courses.

Les membres présents paraissent unanimes à penser qu'il sera impossible d'augmenter ces subventions pour 1883 à cause des sacrifices exceptionnels que le département sera appelé à faire l'année prochaine pour l'organisation du Concours hippique.

En conséquence,

La Commission propose le maintien, pour 1883, des subventions accordées en 1882 pour les Sociétés de Courses, ainsi que pour la Société hippique française et la Société d'encouragement du cheval français de demi-sang.

M. LE PRÉFET donne lecture d'un rapport de M. Hornez, directeur de l'École de Dressage de Caen, qui constate une fois de plus les nombreux services que rend cet établisse-

École de dressage.

ment aux éleveurs : 576 chevaux ont été dressés par l'École
en 1881 ; 110 ont été vendus par l'intermédiaire de l'École
pour une somme totale de 252,850 fr., ce qui donne une
moyenne par cheval de 2,298 fr. L'École a remporté trente
prix dans les concours de Caen, Alençon, Paris et Falaise,
prix représentant une somme totale de 18,650 fr.

M. LE MAIRE DE CAEN insiste sur l'importance de ces
chiffres et celle des services rendus par l'École de Dressage.
Il est du devoir de la Commission de le constater au moment où le Parlement menace de retirer les subventions
aux Écoles de Dressage. La ville de Caen ne demande pas
à faire des bénéfices avec l'exploitation de l'École de Dressage : elle voudrait seulement que l'École ne fût pas pour
elle l'occasion de pertes trop considérables.

M. BASTARD dit que ce serait un véritable désastre pour
l'élevage normand si l'École de Dressage de Caen venait
à disparaître.

La Commission émet à l'unanimité le vœu que la subvention de 7,000 fr. précédemment accordée à l'École de
Dressage, et dont on avait en 1881 demandé l'augmentation, soit au moins maintenue.

Annexion d'un terrain d'entraînement à l'École de dressage.

Une discussion s'engage sur le vœu émis l'an dernier
qu'un terrain d'entraînement soit joint à l'École de Dressage.

M. LE MAIRE DE CAEN dit que l'administration de la ville
de Caen s'occupe activement de rechercher les moyens de
donner dans le plus bref délai possible satisfaction à ce
vœu. Les améliorations demandées l'année dernière ont
été opérées : une porte de sortie a été ouverte sur l'avenue
du chemin de fer de Courseulles, ce qui a entraîné l'acquisition d'un terrain ; la construction d'infirmeries pour les
chevaux est à l'étude, ainsi que l'adjonction d'un terrain
d'entraînement ; mais la ville se trouve actuellement arrêtée
dans ses projets par la menace de suppression de la subvention de l'État.

M. Bastard pense que l'installation d'un terrain d'entraînement ne serait pas très-coûteuse ; la location du terrain représente seulement quelques centaines de francs. La difficulté se trouve bien plutôt dans le recrutement du personnel d'entraînement.

M. Hornez répond qu'en dehors de l'acquisition ou de la location d'un terrain, on serait forcé d'aménager des boxes spéciales.

M. Marguerin croit que l'École de dressage ne pourra pas faire d'entraînement.

M. Revel n'est pas de cet avis. Il pense au contraire que cet établissement serait dans les meilleures conditions pour avoir une école d'entraînement. Il craint seulement que cela ne coûte fort cher.

M. le marquis de Cornulier croit que l'on pourrait, sans beaucoup de frais, installer un terrain d'entraînement annexé à l'École de dressage ; mais il pense, comme M. Bastard, que l'on aura beaucoup plus de peine à se procurer un entraîneur expérimenté avec un personnel satisfaisant de jockeys et palefreniers.

M. le Préfet demande à M. Hornez s'il ne pourrait pas indiquer approximativement le chiffre de la dépense.

M. Hornez répond que cela lui est impossible sans une étude qu'il n'a pas encore faite.

M. Letellier pense qu'une Commission comme la Commission hippique ne doit s'occuper que des intérêts généraux. Or, l'adjonction d'un terrain d'entraînement à l'École de dressage de Caen ne lui paraît réclamée que par un intérêt particulier, celui des éleveurs qui livrent leurs chevaux à l'entraînement. Il n'y a donc pas lieu de s'occuper de cette question.

M. Legoux-Longpré répond que la question de la création à Caen d'une École d'entraînement annexée à l'École de dressage, est absolument une question d'intérêt général.

On vient de dire que la difficulté consiste dans le recrutement, ou mieux dans la formation d'un personnel d'en-

5

traîneurs, de jockeys, de palefreniers; c'est précisément pour cela que la sollicitude de l'Administration doit se porter tout spécialement sur cette lacune de notre élevage normand. Nous n'avons pas de jockeys, voilà le fait.

Où sera-t-on mieux en mesure d'en former que dans une École de dressage, qui pourrait envoyer au terrain d'entraînement ceux de ses élèves qui montreraient les meilleures dispositions? Où pourra-t-on recevoir le mieux l'enseignement technique et pratique nécessaire à ces fonctions spéciales, si ce n'est dans une École d'entraînement subventionnée?

L'avenir de l'élevage, celui de l'amélioration de la race chevaline, sont intéressés d'une façon générale à cette question.

A la suite de cette discussion,

La Commission hippique persiste dans le vœu qu'un terrain d'entraînement soit annexé à l'École de dressage de Caen ; elle propose le maintien de la subvention accordée par le département à l'École de dressage.

Écoles d'entraînement privées.

M. DE BASLY demande si les quatre Écoles d'entraînement privées qui sont subventionnées rendent réellement des services suffisants pour justifier cette subvention.

M. LE PRÉFET rappelle que, l'année dernière, la Commission hippique, et, après elle, le Conseil général, avaient décidé que l'inscription de la subvention aux Écoles d'entraînement ne deviendrait définitive que lorsqu'un rapport fait par la Société d'encouragement du demi-sang aurait édifié l'Administration sur la marche de ces Écoles. Ce rapport a été adressé à M. le Préfet, qui en donne lecture.

Sur la demande de quelques membres, la suppression, en principe, des subventions aux Écoles d'entraînement privées, est mise aux voix, et repoussée par 18 voix contre 4.

M. LETELLIER pense que cette subvention est une chose utile, mais à la condition d'en proportionner le chiffre à l'importance des résultats obtenus.

Il propose que la subvention soit supprimée à tout entraîneur qui, pendant deux années, n'aurait pas obtenu un certain nombre de prix s'élevant à une somme qui serait fixée par la Commission.

M. DE BASLY craint que l'inspection dont a été chargée la Société d'encouragement du cheval français de demi-sang, ne soit pas effectuée de façon à présenter des garanties suffisantes de sévérité ou d'exactitude. Les résultats constatés dans le rapport ont certainement été déclarés par les intéressés eux-mêmes.

M. LEGOUX-LONGPRÉ proteste. Le rapport fourni par la Société du demi-sang, dont il est un des commissaires, a été fait sérieusement après une inspection sur les lieux. Les résultats qui y sont portés sont contrôlés par les programmes des courses, par les comptes-rendus des prix obtenus. Le rapport est d'ailleurs signé par les Commissaires de la Société du demi-sang ; cette garantie doit suffire.

La Commission, par un vote exprès, exprime sa reconnaissance à la Société du demi-sang, pour le concours qu'elle a bien voulu lui apporter dans cette circonstance.

M. DE BASLY dit que d'autres entraîneurs qui ne sont pas subventionnés auraient également droit à une subvention. Il cite M. Rouzée, d'Ouistreham.

M. LE PRÉFET. Une demande de subvention de M. Rouzée m'est parvenue ; elle sera examinée tout à l'heure.

M. LE MAIRE DE CAEN offre d'organiser et d'installer pour l'année prochaine un terrain d'entraînement, si les subventions actuellement accordées aux écoles privées leur sont retirées et attribuées à l'École de dressage de Caen.

M. LETELLIER répond que, tout en reconnaissant les services indiscutables que pourrait rendre le terrain annexé à l'École de dressage, il serait absolument opposé à la suppression des écoles d'entraînement actuellement existantes, qui donnent satisfaction aux intérêts locaux.

M. DE CORNULIER appuie la proposition de M. le Maire de Caen. Une école d'entraînement subventionnée et orga-

nisée à Caen, sous la surveillance de l'Administration,
lui paraît le meilleur moyen d'encourager et de propager
l'entraînement.

M. Julien fait remarquer à la Commission qu'elle vient,
par un vote, de repousser en principe la suppression de
la subvention accordée aux écoles d'entraînement privées.
En attendant qu'un projet étudié et mûri de centralisation
de l'entraînement à Caen puisse être examiné, il y a lieu
de se montrer reconnaissant envers ceux qui font face
aux nécessités actuelles et de leur maintenir leurs subventions.

M. Legoux-Longpré partage l'avis de M. Julien.

M. David Beaujour pense que c'est à la ville de Caen
à étudier la question de l'établissement d'une école municipale d'entraînement, que c'est à elle qu'il appartient de
prendre des engagements, de faire des sacrifices auxquels
viendront certainement se proportionner les subventions
accordées par le département.

M. Revel ne croit pas qu'il soit possible que la majorité
de la Commission vote des subventions pour l'établissement d'une école centrale d'entraînement à l'exclusion et
au détriment des écoles fonctionnant actuellement dans
les arrondissements. Il y a un intérêt majeur à ce que
l'entraînement soit non pas centralisé, mais au contraire
disséminé sur plusieurs points et mis ainsi mieux à la
portée des éleveurs.

Un petit éleveur qui fait entraîner un cheval est heureux
de pouvoir suivre, sans grand déplacement, les progrès
obtenus.

La Commission examine la demande de M. Rouzée,
entraîneur à Ouistreham. Sur l'avis de la Société d'encouragement du cheval français de demi-sang qui a été
consultée, elle émet l'avis que M. Rouzée participe à la
répartition qui va être faite des 4,000 fr. de subvention.

M. Letellier explique à la Commission que M. Lefrançois, entraîneur à Pont-l'Évêque, a également droit

à une subvention. Plusieurs membres de la Commission connaissent son mérite, sa situation intéressante ; il est de leur devoir de lui accorder une part dans la répartition qui va être faite.

La Commission partage l'avis de M. Letellier et propose de répartir ainsi qu'il suit, pour 1883, la subvention de 4,000 fr. accordée aux écoles d'entraînement.

MM. Flocon, entraîneur à Carpiquet. . . . 1,000 fr.
    Leduc-Marion, entraîneur à Carpiquet. . 1,000
    Mallet, entraîneur à Pont-l'Évêque . . . 1,000
    Rouzée, entraîneur à Ouistreham . . . 500
    Lefrançois, entraîneur à Pont-l'Évêque . 500

                    Total. . . . . 4,000 fr.

Il reste entendu que les subventions ne seront attribuées qu'après rapport.

Sur la proposition de M. Legoux-Longpré, MM. de Basly et Gost sont adjoints aux commissaires de la Société du demi-sang pour l'inspection des écoles d'entraînement subventionnées et la préparation du rapport.

Sur la proposition de M. Legoux-Longpré, la Commission nomme une sous-commission composée de six membres et chargée de distribuer aux jeunes jockeys et palefreniers français les 500 fr. de primes qui leur sont accordées par le Conseil général.

Cette sous-commission est composée de MM. de Cornulier, David Beaujour, Hervieu, Legoux-Longpré, Hornez, de Basly.

M. LE PRÉFET donne à la Commission lecture d'un passage du rapport du Président des Courses de Vire, dans lequel il réclame avec insistance, au nom des éleveurs de l'arrondissement de Vire, que la partie de l'allocation annuelle accordée par le Conseil général et le Gouvernement pour les épreuves de pouliches primées dans les

Pouliches primées ; Vire.

concours du Calvados et affectée à l'hippodrome de Vire, soit entièrement abandonnée aux pouliches de cet arrondissement. Il fait observer que la Commission a déjà, dans sa séance du 27 mai, émis un vœu conforme à ce désir sur la proposition de M. de Basly.

Ce vœu est renouvelé ; la Commission propose, en outre, de décider que les pouliches primées dans les autres concours pourront, cependant, sans concourir pour la prime, subir sur l'hippodrome de Vire et dans des conditions qui seront fixées par la Société des courses, l'épreuve qui leur est imposée.

Indemnité du secrétaire. M. LE PRÉFET demande à la Commission de proposer au Conseil général d'inscrire au budget départemental une somme de 200 fr. qui serait mise à la disposition du secrétaire de la Commission hippique, pour frais de bureau et d'impression.

Cette proposition est adoptée à l'unanimité.

Subventions pour le Concours régional de 1883. M. LE PRÉFET expose qu'il a l'intention de demander au département une somme de 22,000 fr. pour être distribuée en prix au concours régional hippique de 1883.

La Commission donne, à l'unanimité, son appui à cette proposition.

Résumé du budget. Les différentes parties du budget étant successivement mises aux voix et adoptées, les propositions de la Commission consultative des questions hippiques pour le budget des encouragements à l'industrie chevaline pendant l'année 1883, se trouvent arrêtées ainsi qu'il suit :

HIPPODROME DE CAEN.

Prix de galop	3.000 fr.
Prix de trot	2.500
Prix de trot	2.000

HIPPODROME DE FALAISE.

Prix de trot	2.000
Subvention à l'hippodrome	1.250
Hippodrome de Deauville.	2.000
Société des courses de Cabourg	2.500
Société des courses de Pont-l'Évêque . .	1.500
Société des courses de Vire.	1.500
École de dressage de Caen	10.400
Société d'encouragement du cheval français de demi-sang.	2.000
Société hippique française	500
Subvention aux Écoles d'entraînement . .	4.000
Primes aux jockeys et palefreniers français.	500
Installation des concours de dressage. . .	300
Indemnité pour vérification de pièces à Argences	50
Indemnité au secrétaire de la Commission hippique pour frais d'impression et de bureau.	200

La séance est levée à midi ; la Commission décide qu'elle sera reprise à 2 heures pour la continuation de la préparation du budget.

La séance est reprise à 2 heures.

M. LE PRÉFET donne la parole à M. Julien, maire de Pont-l'Évêque et conseiller général.

M. JULIEN. — Je demande à la Commission la permission d'examiner rapidement la question de la création d'un concours de poulinières à Pont-l'Évêque, d'exposer le but poursuivi, le résultat à atteindre. La question, du reste, n'est pas nouvelle; elle est connue de tous. On sait qu'il ne s'agit point d'une rivalité de ville à ville, d'amoindrir Argences pour augmenter Pont-l'Évêque; le fond de

Concours de poulinières à Pont-l'Évêque. — Discussion. — Vote d'un vœu tendant à la création de ce concours et à celle d'un concours départemental de poulinières à Caen.

la question c'est, en somme, l'intérêt général de l'élevage. Je voudrais pouvoir traiter devant vous cette question avec l'ampleur qu'elle mérite; mais, pour le moment, permettez-moi de ne pas entrer dans le détail, et de ne vous en indiquer que les grandes lignes.

Depuis dix ans, les progrès de l'élevage dans le Calvados ont été considérables et ont été surtout très-remarquables dans l'arrondissement de Pont-l'Évêque. Il y a dix ans, en effet, deux écuries seulement, celles de MM. Montfort et Gamare, se faisaient remarquer dans cet arrondissement par la supériorité de leurs sujets; nous en avons aujourd'hui six ou huit, nombreuses, et, je puis le dire sans blesser personne, célèbres; car les comptes-rendus des réunions de courses ou des expositions hippiques justifient cette expression.

La rapidité, la constance de ces progrès, l'éclat des succès obtenus ont donné, depuis 1879, aux éleveurs de cet arrondissement, l'idée d'avoir un concours de poulinières à Pont-l'Évêque. Une pétition exprimant ce désir a été, à cette époque, adressée au Conseil général; elle a, naturellement, suscité une contre-pétition des éleveurs intéressés au concours d'Argences, appuyée sur de nombreux motifs. Ni la pétition de Pont-l'Évêque, ni la contre-pétition d'Argences n'ont eu l'honneur, à cette époque d'une discussion publique.

Je pourrais discuter, point par point, les motifs invoqués dans la contre-pétition d'Argences; je m'en abstiendrai. Mais un de ces motifs m'a particulièrement frappé; il convient que je m'explique à son sujet. On a dit que le concours d'Argences est une exhibition unique en Europe où affluent, chaque année, à la même époque, des amateurs et des acheteurs français ou étrangers en très-grand nombre. Très-important, autant par l'excellence des produits qui y sont exposés que par le chiffre des transactions qui s'y opèrent, ce concours de poulinières d'Argences est, dit-on, la concentration sur un même point de tout ce que l'élevage normand produit de meilleur, et c'est dans une pareille réunion que les vendeurs et les acheteurs trouvent, au point de vue commercial, le plus de chances de succès, le plus de garanties. Amoindrir Argences, c'est donc risquer de faire deux moitiés médiocres d'un tout excellent.

Je répondrai tout à l'heure à cette objection. Je pose d'abord cette question :

L'arrondissement de Pont-l'Évêque veut avoir un concours. Pourquoi ?

Les grandes écuries, en se déplaçant, entraînent leurs propriétaires dans des frais considérables, mais ces frais, souvent compensés par le succès obtenu dans le concours, sont facilement supportés : c'est donc surtout, Messieurs, sur le petit éleveur que j'attirerai votre attention d'une façon toute spéciale. Le petit éleveur a gardé, à grand peine, un petit nombre de chevaux. Heureux de pouvoir concourir avec les grandes écuries voisines, il conduirait volontiers ses juments dans un concours qui serait à sa portée et qui lui permettrait, avec peu de dépense, de placer ses produits dans de meilleures conditions. Ce petit éleveur est intéressant, Messieurs; il travaille, il arrive, et c'est pour lui, pour encourager ses efforts, que nous vous demandons un concours de poulinières pour l'arrondissement de Pont-l'Évêque.

Du reste, nous avons pu, l'année dernière, mettre en pratique notre idée d'un concours central à Pont-l'Évêque.

Apprenant, au mois de septembre 1881, que plusieurs ministres, accompagnés du président de la Chambre, devaient traverser Pont-l'Évêque, nous avons organisé la fête à laquelle vous avez presque tous assisté; nous l'avons organisée, non pas dans le but unique de l'intérêt de l'arrondissemement de Pont-l'Évêque, mais dans l'intérêt du département du Calvados tout entier. Cette fête, Messieurs, a si bien réussi, que M. de Cormette, directeur général des Haras, déclarait qu'il n'avait pas vu une plus belle exhibition au concours régional d'Alençon.

Mais je reviens au deuxième côté de la question.

Le projet qui émane des éleveurs de l'arrondissement de Pont-l'Évêque, dont j'ai l'honneur de me faire l'écho, est un projet double. A côté du concours d'arrondissement dont nous réclamons la création, nous demandons l'installation d'un concours central, d'un concours départemental qui, réunissant dans le centre que vous aurez choisi toutes les poulinières du département, sera, au point de vue commercial, cette exhibition générale dont l'utilité est reconnue, et nous aurons ainsi victorieusement répondu à l'objection qui consiste à s'opposer à la scission du concours si important d'Argences.

Le lieu de ce concours central, ce n'est pas à moi à le fixer; mais il semble qu'il soit tout naturellement marqué au centre du département tant au point de vue topographique qu'au point de vue administratif.

Dans ce concours central, les poulinières déjà primées dans les concours d'arrondissement auront la chance de l'être encore; celles qui n'auront pas encore obtenu de primes pourront être plus favorisées dans cette contre-épreuve.

Voilà, Messieurs, comment nous nous croyons autorisés à demander un concours de poulinières pour notre arrondissement. Et, ce faisant, faisons-nous quelque chose de nouveau?

Dans les départements voisins qui s'occupent d'élevage, dans l'Orne, la Manche, la Seine-Inférieure, nous voyons chaque arrondissement pourvu d'un concours de poulinières et d'un concours de pouliches, et, ce qu'il est intéressant de remarquer, c'est que la subvention de l'État à ces concours est relativement beaucoup plus forte dans l'Orne, la Manche et la Seine-Inférieure que dans le Calvados, si nous la comparons aux sacrifices consentis par les départements.

En 1881, ces subventions ont été réglées ainsi qu'il suit:

	ÉTAT	DÉPARTEMENT
Orne	27,000	19,700
Manche	28,500	25,000
Seine-Inférieure (pouli-		
ches et poulinières).	23,500	10,000
Calvados	24,000	31,000

Ces chiffres sont surtout remarquables en ce qui concerne la Seine-Inférieure. Les produits de ce département sont incontestablement inférieurs aux nôtres ; mais il a, au point de vue des subventions, l'avantage sur nous d'avoir une organisation plus récente et plus libérale de ses concours.

La Commission doit entendre le langage de ces chiffres. Il est de son devoir de ne pas borner son rôle à de simples fonctions consultatives, mais d'user d'un droit d'initiative que personne ne lui contestera, et elle a la certitude que ses vœux seront écoutés. Le préfet, qui est actuellement à la tête de notre département, est entièrement dévoué à l'élevage ; vos députés, vos sénateurs seront heureux d'obtenir, en appuyant les demandes que vous aurez formulées, la part qui est due au Calvados dans les subventions de l'État. Demandons, comme la Seine-Inférieure l'a obtenue en 1877, cette réorganisation utile de nos concours hippiques ; car, depuis assez longtemps déjà, on a suivi les errements anciens, en augmentant lentement nos subventions, tandis que celles des départements voisins étaient accrues dans de si notables proportions.

Voici quels sont les chiffres des subventions de l'État et du département de la Seine-Inférieure pour les concours de poulinières seulement :

Arr. de Rouen,	État	3,850	Dép.	800
Neufchâtel,		2,850		500
Dieppe,		3,500		700
Le Havre,		2,950		600
Yvetot,		3,850		900
		17,000		3,500

Vous avez reçu, Messieurs, sous le titre de *Note addi-tionnelle*, quelques pages d'imprimerie qui résument notre projet et les moyens de le réaliser. Cette brochure n'a d'autre but que de prouver que l'on pourrait, avec peu d'argent, faire beaucoup de bien. C'est, en somme, 5,000 fr. au département et 5,000 fr. à l'État que nous demanderions ; mais, ce que je tiens à dire, c'est que nous nous en rapportons absolument, pour les voies et moyens, à la sagesse de l'Administration qui y pourvoira. J'ai la conviction que l'établissement d'un concours à Pont-l'Évêque donnera satisfaction à une portion notable des éleveurs du Calvados, et j'ai aussi la conviction que l'organisation d'un concours central à Caen, au mois d'octobre, donnera les meilleurs résultats.

M. le marquis de Cornulier persiste à croire, malgré tout, qu'il sera nuisible, même aux intérêts des petits éleveurs, de scinder le concours d'Argences. Les grandes écuries obtiennent, si l'on veut, la plupart des primes dans un concours comme celui d'Argences ; mais il faut bien admettre aussi que, dans un marché important et facile qui est toujours le résultat d'une réunion de ce genre, les produits d'un ordre moyen trouvent un écoule-ment plus sûr et plus avantageux.

Quant à la question d'un concours départemental à Caen, cette innovation lui paraît faire double emploi avec les concours régionaux.

Par la force des choses, par suite de la valeur relative des produits des divers arrondissements, les arrondisse-ments de Vire, de Bayeux, de Lisieux, seront forcément éliminés dans la distribution des primes faites à ce con-cours central.

Les concours régionaux réunissent plusieurs départe-ments ; ce concours ne sera donc qu'un raccourci des concours régionaux tenus à une époque déjà tardive et peu favorable aux transactions.

M. Julien répond que les concours régionaux ont ce

grave inconvénient d'avoir lieu à une époque où un déplacement, souvent considérable, est fort nuisible aux poulinières pleines. Beaucoup d'éleveurs reculent devant ce danger, et la crainte des accidents, des avortements les éloigne des concours régionaux.

M. DE CORNULIER sait que ces craintes sont exprimées ; mais il croit que l'on n'en conduit pas moins aux concours régionaux les sujets qui méritent d'y figurer.

M. JULIEN fait remarquer que, dans tous les cas, il y a un déplacement bien moins considérable quand il s'agit d'un concours départemental : le maximum du trajet serait seulement de 15 lieues environ, et la moyenne de 10 ou 11 ; il ajoute que puisqu'il vient de démontrer que le Calvados a été un peu oublié dans la distribution des subventions de l'État, au cours de ces dernières années, il est juste que, faisant quelque chose de nouveau, nous obtenions des encouragements nouveaux. Que risquerons-nous, en somme ? d'avoir des imitateurs ? C'est probable ; mais nous aurons eu par ce moyen un juste dédommagement en ne demandant, en somme, que 5,000 fr. à l'État et pareille somme au département.

M. DE BASLY appuie la proposition de M. Julien. Il pense comme lui que les écuries sérieuses ne se rendent pas aux concours régionaux, et qu'un concours départemental rendrait de très-grands services et répondrait au désir le plus général de l'élevage.

M. DE CORNULIER pense que la question de la distance est insignifiante ; quand on déplace une poulinière, que l'on est forcé de l'installer au chemin de fer, il importe assez peu qu'elle ait 15 lieues ou 50 à faire.

M. DE BASLY répond à cela que les concours régionaux durent huit à dix jours, que les sujets doivent, pendant ce laps de temps assez considérable, demeurer tant bien que mal dans une installation souvent défectueuse, tandis qu'un concours départemental ne durerait que deux jours ; il y aurait moins de monde, moins d'encombrement, plus de sécurité pour l'éleveur.

— 78 —

On sait, du reste, ajoute M. de Basly, que les concours régionaux sont un spectacle donné aux populations ; l'éleveur réclame une réunion plus sérieuse, plus spéciale, organisée pour l'élevage auquel il se dévoue.

M. REVEL. — Ce qu'il y a de certain, c'est que les chiffres qui viennent d'être cités relativement aux subventions accordées par l'État à la Seine-Inférieure révèlent une choquante disproportion. Cette constatation devrait être l'occasion d'une réorganisation de nos réunions hippiques, et nous devrions recevoir de l'État une augmentation de subvention.

M. BASTARD croit qu'il y aurait injustice de la part des éleveurs du Calvados à se plaindre d'une façon trop vive de la disproportion de subvention qui vient d'être constatée. L'État subventionne moins les concours de poulinières ; mais quelles sommes considérables ne dépense-t-il pas dans notre département en encouragements de toutes sortes accordés aux nombreux hippodromes du Calvados ? Il faut admettre que, les droits des départements étant à peu près égaux, la subvention du Calvados est beaucoup plus divisée et paraît moindre par ce seul fait, mais que l'État fait beaucoup pour ce département.

M. DE BASLY fait observer que le département du Calvados a droit à plus de subventions que les autres. C'est, en somme, d'une façon toute générale que l'État encourage l'industrie chevaline sur les hippodromes du département. Ce ne sont pas les éleveurs du Calvados, les éleveurs du demi-sang, qui en bénéficient, mais bien tous les propriétaires de chevaux de France qui viennent courir sur nos hippodromes. Le Calvados a droit à des subventions spéciales.

M. LEGOUX-LONGPRÉ ajoute que la situation du département du Calvados, qui produit un si grand nombre d'étalons de choix, n'est que de très-peu inférieure comme nombre de poulinières à la Manche et à l'Orne, qui passent pour être exclusivement des pays de production.

M. Julien est heureux de ce nouvel argument que lui fournit M. Legoux-Longpré; car avec pareil nombre de poulinières, on pourra organiser à Caen un concours splendide, qui attirera un nombre considérable de marchands et d'amateurs, et qui sera certainement au moins aussi beau que celui d'Argences.

M. Lemonnier pense que le chiffre des prix indiqués dans la Note additionnelle, comme devant être consacré à ce concours, est insuffisant.

Cela ne fait en somme que 16,000 fr. de prix, puisque le chiffre de 22,000 fr. contient une somme de 6,000 fr. économisée sur l'ensemble des concours du département. Il faut 60,000 fr. pour organiser un concours de l'importance de celui dont parle M. Julien; n'y consacrer que 22,000 fr., alors que l'ensemble des éleveurs auraient plus de 25,000 fr. de frais, ce serait de l'argent inutilement perdu.

M. Julien ne le pense pas. Que le chiffre des prix qui est projeté soit trop restreint, c'est possible; mais nous demanderons alors à être traités comme nos voisins. Le Conseil général se montrera certainement très-large dans l'allocation des subventions qu'il a l'habitude, ainsi que cela se pratique dans les assemblées délibératives, de proportionner aux sacrifices consentis par ceux qui les demandent.

Commencer à tenir ce concours départemental, même avec ce budget, si exigu qu'il soit, ce serait sagesse; car on commence petit pour faire grand ensuite, et, en supposant qu'à l'ouverture le concours départemental n'eût à sa disposition qu'une somme de 25,000 fr., cette somme serait très-rapidement accrue dès que le succès de cette réunion serait assuré, son utilité incontestée.

M. Bastard voit à ce nouveau projet un autre inconvénient que la difficulté budgétaire. On va tellement faire voyager les poulinières que la production en souffrira assurément.

M. REVEL répond que l'inconvénient signalé est beaucoup plus grave au printemps qu'à l'automne et que, le concours départemental devant se faire en automne, c'est à ce concours plutôt qu'à tout autre que les poulinières seraient conduites.

M. JULIEN répète que l'on ne doit pas prendre à la lettre les propositions sommaires contenues dans les quatre pages d'impression distribuées sous le titre de *Note additionnelle, etc.* Si ces propositions paraissent insuffisantes, leurs auteurs applaudiront à un nouveau projet mieux équilibré et plus propre à satisfaire tous les intérêts en jeu. Ce qui est hors de doute, c'est que le moment semble enfin venu de trancher cette question de l'établissement d'un concours de poulinières à Pont-l'Évêque; cette question est mûre, il n'y a aucune raison pour en retarder la solution.

M. LEPROUST ajoute qu'il serait vraiment injuste de faire des éleveurs de l'arrondissement de Pont-l'Évêque des parias du département. Nos efforts, dit-il, ont été constants depuis dix ans, tout le monde le constate; nos succès dans l'élevage deviennent tous les jours plus nombreux, et nous n'aurions pas, comme les autres arrondissements, un concours de poulinières !

On nous fait aller au concours d'Argences. Mais je vais vous citer mon exemple ! Il m'est arrivé de mener vingt poulinières à Argences. J'en suis revenu avec 300 fr. de prix, mais j'avais eu 400 fr. de frais supplémentaires, et deux de mes juments avaient avorté !... Nous sommes obligés de n'envoyer, par économie, à Argences que celles de nos poulinières qui ont de grandes chances de succès; si nous avions un concours à Pont-l'Évêque, nous y enverrions la presque totalité de nos juments et nous réserverions quelques juments de tête pour le concours central.

M. DE BASLY veut encore faire observer à la Commission, à l'appui de la création d'un concours central à Caen, que le déplacement, que l'on oppose comme un empêchement à ce concours, est forcé à cette époque à cause des livraisons de poulains qui, comme on le sait, se font en octobre.

M. LE PRÉFET. — La discussion générale paraît épuisée. Avant de procéder à un vote, il importe de savoir si la Commission entend lier l'une à l'autre, de manière que l'une dépende de l'autre, la création d'un concours de poulinières à Pont-l'Évêque et celle d'un concours central à Caen.

M. JULIEN prie la Commission, pour répondre à cette question de M. le Préfet, de vouloir bien se reporter au titre de la pétition des éleveurs de l'arrondissement de Pont-l'Évêque, datée du 10 mars. Ce titre est ainsi conçu :

Pétition ayant pour objet :

1° la création, à Pont-l'Évêque, d'un concours d'arrondissement ;

2° la modification, s'il y a lieu, du règlement des concours de juments poulinières dans le Calvados ;

3° l'institution, dans le Calvados, d'un concours départemental de poulinières, auquel ne prendront part que des juments primées aux concours d'arrondissement.

M. LE PRÉFET ne croit pas que la lecture de ce titre suffise pour répondre à la question qu'il a posée. On pourrait, en effet, soit voter séparément sur chacune de ces trois questions, soit les réunir dans un vote unique.

Il fait observer, en second lieu, que les termes qui viennent d'être rappelés devraient en tout cas être modifiés. Ainsi, les pétitionnaires n'insistent plus pour que la circonscription du concours à créer à Pont-l'Évêque soit l'arrondissement tout entier.

Ainsi encore, ils ne demandent plus que le concours départemental soit restreint aux poulinières précédemment primées. Il faut donc trouver une autre formule.

Après discussion, une première question est mise aux voix en ces termes :

Y a-t-il lieu de réviser l'organisation des concours de poulinières dans le Calvados?

La réponse de la Commission est *oui* à l'unanimité.

Une discussion, à laquelle prennent part la plupart des membres de la Commission, s'engage à ce moment pour décider si la création d'un concours à Pont-l'Évêque et la création d'un concours départemental à Caen seront considérées comme questions connexes.

M. BALLIÈRE pense qu'il ne faut pas toucher au concours d'Argences si l'on n'est pas assuré de la création du concours départemental.

M. David BEAUJOUR pense, lui aussi, que ces deux questions sont connexes et ne peuvent être séparées, l'une découlant de l'autre.

M. LEMONNIER répète ce qu'il a déjà dit, à savoir que le chiffre de 16,000 fr. proposé comme augmentation au budget des encouragements à l'industrie chevaline pour l'organisation d'un concours central est absolument insuffisant. Les frais imposés aux éleveurs s'élèveront pour l'ensemble à 25,000 fr.

M. LESGUILLON croit cette assertion exagérée; quelques éleveurs dépenseront pour ce concours 80 ou 100 fr. par jument; mais combien n'y en a-t-il pas qui ne dépenseront qu'une vingtaine de francs?

M. DE BASLY ajoute que 16,000 fr. pour commencer, c'est déjà un chiffre respectable, et qu'il y a lieu de ne pas repousser le projet pour cause d'insuffisance.

Sur une observation faite par M. David Beaujour, la Commission émet l'avis que, quelle que soit la décision prise, la présence du Concours régional à Caen en 1883 rendrait inutile la création d'un concours central pour cette année-là, et que le *statu quo* devra être respecté en ce qui concerne Argences, jusqu'à ce que le concours départemental puisse être organisé.

M. LE PRÉFET met aux voix les questions suivantes :

Y a-t-il lieu de créer, à Pont-l'Évêque, un concours de poulinières ouvert aux juments des cantons de Pont-l'Évêque, de Blangy, d'Honfleur, de Trouville et des communes des cantons de Dozulé et de Cambremer dont l'intérêt de se rendre à Pont-l'Évêque plutôt qu'à Argences serait démontré? Comme conséquence de cette création, y a-t-il lieu de créer à Caen un concours ouvert à toutes les juments poulinières du département, étant entendu que, à raison du concours général qui a lieu en 1883, ces concours nouveaux ne commenceront à fonctionner qu'en 1884?

Le vote de la Commission est *oui* à l'unanimité moins une voix.

La Commission donne un avis favorable au maintien, pour 1883, des subventions accordées les années précédentes par le Conseil général pour les concours de pouliches et de poulinières.

L'ordre du jour étant épuisé, la séance est levée à quatre heures et demie.

Séance du 2 septembre 1882.

SOMMAIRE

Concours régional hippique de 1883. — Nomination de délégués devant faire partie d'une Commission consultative. — Vœu en faveur de la suppression de la taxe de désinfection des wagons. — Cornage. Vices transmissibles. Vœu en faveur de l'examen public des étalons et des poulinières.

La Commission consultative des questions hippiques du Calvados s'est réunie le 2 septembre 1882, à dix heures du matin, sous la présidence de M. Monod, préfet du Calvados.

Étaient présents : MM. Anne, Ballière, de Basly, Bastard, Beaujour, Brion, Gost, Henry, Hervieu, Hornez, Marguerin, Leproux, Leprovost, Revel, Toutain.

M. Bérard, attaché au cabinet du Préfet, remplace comme secrétaire M. Daubian-Delisle, absent.

Le procès-verbal de la dernière réunion est lu et adopté.

Concours régional hippique de 1883. — Nomination de délégués devant faire partie d'une Commission consultative.

M. le Préfet. — A la date du 18 août, M. le Ministre de l'Agriculture m'a adressé la lettre suivante :

« Paris, le 18 août 1882.

« Monsieur le Préfet,

« J'ai reçu votre lettre hier, au moment où je partais
« pour le Pin, accompagné de M. le Directeur des Haras.
« Ainsi que j'ai eu l'honneur de vous le redire quand j'ai
« eu le plaisir de vous voir récemment à Paris, c'est

« l'Administration des Haras qui organise la partie hip-
« pique du Concours régional de Caen ; et c'est l'Inspec-
« teur général des Haras de la région qui aurait, à défaut
« de vous, la présidence de cette partie hippique.

« Les programmes seront préparés par une Commission
« qui pourrait être composée de la manière suivante sous
« votre présidence : l'Inspecteur général des Haras de
« votre région, l'Inspecteur général de l'Agriculture, un
« Sénateur, un Député, le Directeur du dépôt d'étalons de
« la région (St-Lô), le colonel commandant la circonscrip-
« tion de remonte, deux conseillers généraux, deux repré-
« sentants de la Commission hippique, un Président de
« Société de Courses, trois éleveurs. Telle serait la com-
« position de la Commission. Je serais, au surplus, dis-
« posé à en modifier la composition, s'il y a lieu, pour
« donner satisfaction et sécurité à tous les intérêts.

« Les arrêtés pour assurer l'exécution de ces mesures
« seront pris en septembre prochain, dès le retour à Paris
« de M. le Directeur général des Haras, que le soin de
« sa santé oblige à s'absenter en ce moment.

« Agréez, Monsieur le Préfet, etc.

« *Signé :* DE MAHY. »

Je répondis à M. le Ministre pour le remercier de sa
sollicitude et l'assurer de la profonde reconnaissance de la
Commission hippique. Je donnai mon entière adhésion à
son projet. Je fis seulement observer qu'il me paraissait
nécessaire que M. Legoux-Longpré fit de droit partie de
la Commission à instituer.

M. le Ministre me répondit le 22 août :

« MONSIEUR LE PRÉFET,

« Je reçois votre lettre en arrivant de Contrexeville, où
« j'ai passé 24 heures auprès de ma famille.

« Je pense comme vous que M. Legoux-Longpré a, en

« effet, sa place marquée dans la Commission. Je lui serai
« obligé de vouloir bien en faire partie, et je vous prie de
« le lui dire de ma part. Dès le retour de M. de Cormette à
« Paris, je prendrai les arrêtés nécessaires pour la com-
« position définitive de la Commission. D'ici là, je ne
« demande pas mieux que d'entendre les observations que
« votre expérience et le bien du service pourront vous
« suggérer.

« Agréez, Monsieur le Préfet, etc.

« *Signé:* DE MAHY. »

J'invite la Commission à désigner les deux membres qui
seront chargés de la représenter dans la Commission d'organisation du concours hippique de 1883.

La Commission, à l'unanimité, et sur la proposition de
M. Jules BASTARD, désigne pour ses représentants :

M. Paul AUMONT,

M. Amédée HERVIEU.

M. LE PRÉFET informe la Commission qu'il se propose
de faire à M. le Ministre les présentations suivantes pour
compléter la Commission à nommer :

Comme sénateur, M. le vicomte DE SAINT-PIERRE, président du Conseil général ;

Comme député, M. Edmond HENRY ;

Comme conseillers généraux, MM. David BEAUJOUR et
TOUTAIN ;

Comme président de Société hippique, M. le marquis
DE CORNULIER, président de la Société d'encouragement
du demi-sang.

Quant aux éleveurs, le nombre de trois lui paraît
insuffisant. Il compte demander à M. le Ministre d'élever
ce chiffre à cinq, et il présentera à sa nomination
MM. Jules Bastard, de Basly, Gost, Pierre et Lemonnier.

Enfin, il demandera à M. le Ministre de compléter
la Commission en appelant à en faire partie M. le Maire
de Caen et M. le Directeur des Haras du Pin.

La Commission hippique donne son entière approbation aux choix de M. le Préfet ;

Exprime l'avis que le nombre des éleveurs faisant partie de la Commission soit élevé de trois à cinq ;

Émet le vœu que M. le Maire de Caen, que M. Legoux-Longpré, commissaire des courses de Caen et de Vincennes, et que M. le Directeur des Haras du Pin fassent également partie de la Commission ;

Charge M. le Préfet d'exprimer à M. le Ministre sa reconnaissance de l'avoir appelée à se faire représenter dans cette Commission.

M. LE PRÉFET appelle les membres de la Commission à présenter, suivant l'usage, les observations qu'ils jugeront utiles.

M. DE BASLY attire l'attention de la Commission sur l'obligation de faire désinfecter les wagons ayant servi au transport des chevaux. Il y a deux ans environ que cette désinfection a été prescrite. Il y avait alors de sérieuses raisons pour cela. Ces raisons n'existent plus. Il n'y a plus trace de typhus ou de maladies similaires. Cependant la prescription persiste. L'on continue à payer aux compagnies une taxe de 3 francs par wagon à désinfecter. Or, il arrive la plupart du temps que cette désinfection n'est pas faite du tout. Des wagons, pour lesquels la taxe est payée, repartent au moment même où ils viennent d'arriver, chargés d'autres bêtes, qui paieront la même taxe sans que l'on en fasse davantage. C'est donc un simple surcroît de frais de transport sans compensation. Et cette charge devient fort onéreuse lorsqu'elle s'applique aux chevaux de courses, qui voyagent souvent, et qui ont assurément le plus de chance d'être tout à fait sains. En conséquence, M. de Basly réclame la suppression de la taxe, ou tout au moins sa suppression en ce qui concerne les chevaux de course.

Vœu en faveur de la suppression de la taxe de désinfection des wagons.

Une discussion, à laquelle un grand nombre de membres prennent part, s'engage sur cette question. M. Anne fait observer que la question devra être soumise au Comité consultatif des épizooties. On est unanimement d'avis de ne pas restreindre le vœu aux chevaux de courses, et de demander nettement la suppression d'une prescription qui s'est justifiée autrefois, mais qui avait forcément un caractère transitoire, et qui est aujourd'hui inutile et inappliquée.

En conséquence,

La Commission hippique émet le vœu que la taxe de désinfection des wagons ayant servi au transport des chevaux soit supprimée, et que l'on modifie sur ce point l'arrêté préfectoral du 28 octobre et l'article 16 de la loi du 21 juillet 1881.

Cornage. Vices transmissibles. Vœu en faveur de l'examen public des étalons et des poulinières.

M. Edmond HENRY dit que bientôt doit se réunir le Conseil supérieur des Haras ; qu'il serait heureux d'y présenter et d'y appuyer les vœux de la Commission hippique, notamment en ce qui concerne l'importante question du cornage.

M. LE PRÉFET donne lecture d'une circulaire de M. le Ministre de l'Agriculture relative à cette question. Cette circulaire est arrivée trop tard pour qu'elle pût être soumise à la Commission hippique dans sa dernière séance. En voici le texte :

« Paris, le 31 juillet 1882.

« MONSIEUR LE PRÉFET,

« Les intérêts de l'agriculture, dont je ne cesse de me « préoccuper, me paraissent souvent compromis, en ce « qui concerne la production chevaline, par les étalons « atteints de tares ou de maladies héréditaires, auxquels « les éleveurs se trouvent souvent obligés de recourir,

« faute d'en avoir de meilleurs à leur portée. Malgré les
« sacrifices considérables que fait le Gouvernement pour
« doter le pays de bons reproducteurs, leur proportion est
« loin d'être prépondérante dans la masse nécessaire à la
« multiplication de l'espèce.

« Aux moyens d'action que me donne le budget pour
« améliorer la qualité de l'étalonnage, il me paraît pos-
« sible, pour réaliser un nouveau progrès, d'ajouter cer-
« taines mesures sanitaires, analogues à celles dont le
« Parlement a déjà admis l'application à d'autres espèces
« domestiques, malgré son respect pour le droit de pro-
« priété et la liberté de l'industrie, il a reconnu la néces-
« sité dans un intérêt public, soit de prescrire l'abattage
« des animaux atteints de la peste bovine, soit de faire
« intervenir l'Administration dans le traitement curatif
« des vignes phylloxérées. Ne pourrait-il pas compléter
« son œuvre, en écartant de la reproduction les étalons
« malades dont l'emploi appauvrit à la fois nos races che-
« valines et les cultivateurs qui les élèvent?

« Une double observation me paraît justifier l'opportu-
« nité de la mesure. C'est l'étendue chaque jour crois-
« sante du mal et le bon exemple donné par les puissances
« voisines qui savent, par une judicieuse répression, pré-
« server leurs races de contaminations nuisibles.

« La Belgique nous offre de ce fait la plus frappante
« démonstration. Là, aucun cheval ne peut faire la monte
« sans l'autorisation préalable des commissions instituées
« dans ce but, et les contraventions sont punies d'une
« amende. Mais les étalons refusés ou ceux que la certitude
« d'un refus éloigne même de la présentation, couverts
« de tares, la plupart corneurs, entrent alors en France,
« au nombre de plus de 500, pour exploiter nos cultiva-
« teurs et infecter notre élevage. En Alsace-Lorraine,
« depuis le 5 avril 1880, tout étalon ne peut être admis à
« la monte qu'après avoir été préalablement inspecté par
« un jury et reconnu apte à la reproduction. Les infrac-

« tions sont punies d'une amende de 60 à 600 francs. De
« là, comme de la Belgique, mais dans une proportion
« beaucoup moindre, il nous vient des reproducteurs tarés
« qui devraient rencontrer chez nous les mêmes rigueurs
« que dans leurs pays d'origine.

« Il me parait nécessaire de prendre en faveur de notre
« agriculture les mêmes mesures et d'agir avec la même
« décision que nos voisins.

« La Commission spéciale que j'ai formée pour élaborer
« la question a été de cet avis : mais, soucieuse d'écarter
« en même temps de la mesure tout esprit de système à
« l'égard du mode de reproduction des races, estimant
« qu'il y a lieu de respecter en ce point le libre arbitre des
« éleveurs, elle a émis l'opinion de donner à la répression
« un caractère purement sanitaire, de déterminer les tares
« ou maladies transmissibles sur lesquelles cette mesure
« porterait, et de désigner seulement deux des plus graves,
« le cornage qui sévit surtout dans le nord et l'ouest de la
« France et la fluxion périodique signalée principalement
« dans le centre et dans le midi.

« L'emploi des reproducteurs atteints de ces vices
« devenant délictueux, il reste à savoir si la répression
« devrait être préventive ou consécutive. En d'autres
« termes, conviendrait-il d'adopter le système belge et
« allemand, d'après lequel une commission est chargée
« de délivrer chaque année, avant la monte, une patente
« de santé ; ou, pour éviter aux étalonniers et aux com-
« missions des formalités et des déplacements, faudrait-il
« attendre que l'étalon atteint des vices indiqués fût en
« service de monte, pour poursuivre le propriétaire et
« arrêter ses opérations.

« Avant de prendre un parti sur le dépôt d'un projet
« de loi, j'attacherais beaucoup de prix, Monsieur le
« Préfet, à connaître le sentiment du Conseil général de
« votre département, et sur le principe de la mesure et sur
« les deux modes d'application que je viens de signaler.

« Je vous serai donc obligé de le saisir de la question
« dans la session d'août et de me faire connaître ses
« conclusions aussitôt après délibération. L'ensemble de
« ces appréciations me fournira des éléments de décision
« précieux, et si la mesure, ce qui est vraisemblable,
« pouvait avoir pour effet d'augmenter les bénéfices de
« l'éleveur et la richesse agricole du pays, j'aurais obtenu
« la meilleure récompense de mes efforts.

« Recevez, Monsieur le Préfet, l'assurance, etc.

« *Le Ministre de l'Agriculture,*

« DE MAHY. »

Le Conseil général du Calvados a pris à ce sujet la
délibération suivante :

« Considérant qu'il y a un véritable intérêt public à
« empêcher la propagation des maladies héréditaires,
« notamment le cornage, qui sévit surtout dans le nord
« et l'ouest de la France, et de la fluxion périodique
« signalée principalement dans le midi et le centre ;

« Considérant que l'étendue, chaque jour croissante,
« du mal semble justifier l'opportunité de certaines
« mesures judicieuses répressives pour préserver nos
« races chevalines de contaminations nuisibles ;

« Considérant qu'en Belgique, aucun cheval ne peut
« faire la monte sans l'autorisation préalable des Commis-
« sions instituées dans ce but et que les contraventions
« y sont punies d'une amende ;

« Considérant que ce système paraît très-sage, d'une
« application utile et facile en France ;

« Par ces motifs, estime qu'il y a lieu d'interdire la
« monte à tout cheval qui ne serait pas autorisé préala-
« ment par une Commission instituée dans ce but, et de
« punir par une amende les contraventions à cette règle,
« avec observation toutefois qu'il devrait être pris les pré-

« cautions nécessaires pour assurer la garantie de l'in-
« térêt particulier en même temps que l'intérêt public,
« d'organiser un contrôle efficace en ce qui concerne les
« poulinières admises au concours. »

Après une longue et intéressante discussion, à laquelle
prennent part presque tous les membres présents, la Commission est unanimement d'avis que les mesures proposées par M. le Ministre au sujet des étalons sont des plus
nécessaires, qu'elles doivent être appliquées préventivement, mais qu'elles ne produiront tout leur effet que si,
en même temps, des mesures sont prises à l'égard des
poulinières. Sur la proposition de M. Brion, appuyée par
MM. de Basly et Beaujour, la Commission exprime le
vœu que les juments poulinières ne soient admises aux
concours qu'après un examen public constatant qu'elles
n'ont pas de vices transmissibles. Il est reconnu qu'une
telle mesure aurait une portée très-grande, s'étendant sur
la production entière, car, ainsi que l'a fait observer
M. Hervieu, même les bêtes non destinées aux concours
seront soumises à cet examen par les propriétaires dési-
reux de prouver aux acheteurs que leurs juments sont
saines.

En conséquence, la Commission prend la délibération
suivante :

La Commission hippique, à l'unanimité, remercie M. le
Ministre de l'Agriculture d'avoir soulevé cette question qui
est d'un intérêt primordial pour l'élevage ; elle émet l'avis
qu'un service d'inspection soit organisé de manière à écarter
préventivement de la reproduction les étalons atteints de
vices transmissibles et à réprimer énergiquement les in-
fractions qui viendraient à se produire. Elle s'associe sans
restriction à la délibération prise par le Conseil général
dans sa séance du 25 août dernier.

Elle exprime, en outre, l'opinion que les mesures qui
seront prises ne seront réellement efficaces que si les
juments poulinières ne sont admises aux primes dans les

concours qu'après un examen public constatant qu'elles
n'ont aucun vice transmissible. A cet effet, une Commission,
composée du vétérinaire du dépôt d'étalons, d'un vétérinaire du pays, et d'un ou deux membres du jury des concours de poulinières, se transporterait entre le mois de
mars et le mois de juin dans les centres d'élevage. Les
seules juments auxquelles cette Commission aurait, après
examen public, délivré une carte de santé, pourraient, dans
le courant de l'année, se présenter aux concours de poulinières.

M. BALLIÈRE propose que les juments présentées aux concours soient tenues de présenter leurs certificats d'origine.

Cette proposition n'est pas appuyée.

M. HENRY propose que l'examen des juments ne soit pas
public.

Sur des observations en sens inverse présentées par
M. de Basly, M. HENRY retire sa proposition.

Elle est reprise par M. REVEL, mise aux voix et repoussée par la grande majorité de la Commission.

Rien n'étant plus à l'ordre du jour, et aucun membre
de la Commission ne demandant la parole, la séance
est levée à 11 heures 1/4.

Séance du 29 septembre 1882.

SOMMAIRE.

Impression des procès-verbaux des délibérations de la Commission.—Suite donnée aux vœux exprimés par la Commission hippique en 1882. — Subvention à l'École de dressage. — Annexion d'un terrain d'entraînement à l'École de dressage.—Hippodrome de Vire; affectation exclusive de la subvention annuelle pour les épreuves de pouliches, aux pouliches de cet arrondissement.—Subvention aux Écoles d'entraînement. — Frais de bureau.—Projet de programme du Concours régional 1883, confié à la Direction des Haras. — Suppression de la taxe de désinfection des wagons. — Insuffisance du nombre des chevaux achetés par le dépôt de remonte de Caen. — Concours de poulinières et station de monte d'Orbec.—Épreuves de pouliches.

La Commission consultative des intérêts hippiques s'est réunie à Caen, le 29 décembre 1882, à la Préfecture, à neuf heures du matin, sous la présidence de M. Henri-Ch. Monod, Préfet du Calvados.

Assistaient à la séance : MM. Monod, Legoux-Longpré, de Basly, A. Hervieu, Lesaunier, Marguerin, Lemonnier, Ballière, Pierre, P. Aumont, G. Bastard, Mʳ de Cornulier, David Beaujour, Gost, Hornez, L. Revel, Lebourg, Mériel, Julien, Lesguillon, Letellier, Leproux, Leprovost et Daubian-Delisle.

MM. Duchesne-Fournet, Mauger, Delacour et Guichard s'étaient excusés par lettres.

M. Daubian-Delisle, secrétaire, donne lecture du procès-verbal de la dernière séance.

Le procès-verbal est adopté.

Impression des procès-verbaux des délibérations de la Commission. M. le Préfet propose à la Commission de demander à la Commission départementale l'autorisation de faire imprimer, aux frais du département, les délibérations de

la Commission hippique. On pourrait ainsi former chaque
année, ou tous les deux ans, un volume où l'on retrou-
verait toutes les questions intéressant l'industrie chevaline
qui auraient été soulevées dans l'intervalle de deux publi-
cations, les discussions auxquelles elles auraient donné
lieu, les solutions auxquelles elles auraient abouti.

La Commission adopte à l'unanimité la proposition de
M. le Préfet.

M. LE PRÉFET rappelle que la Commission hippique,
dans ses séances des 9 janvier et 26 juillet 1882, a émis
un vote en faveur de la création : 1° d'un concours des
poulinières à Pont-l'Évêque; 2° d'un concours départemental à Caen.

Suite donnée
aux vœux expri-
més par la Com-
mission hippique.

Dans sa séance du 25 août, le Conseil général a voté un
crédit de 5,000 fr. pour le concours de poulinières créé à
Pont-l'Évêque. L'Assemblée départementale a réservé la
question de la création d'un Concours départemental à
Caen.

Le Conseil général a maintenu pour 1883 les subventions accordées en 1882 aux diverses Sociétés ou réunions
hippiques, conformément aux vœux exprimés par la Commission dans sa séance du 26 juillet 1882.

A propos de la subvention de 7,000 fr., accordée par le
Conseil général à l'École de dressage, M. Mériel, maire
de Caen, dit que la subvention de l'État à cet établissement
a été supprimée par la Chambre; c'est là un fait très-
regrettable. L'École de dressage de Caen rend, en effet,
de réels services à l'élevage; il serait à désirer que la
Commission exprimât le regret de voir la subvention
retirée.

Subvention à
l'École de dres-
sage.

M. DE BASLY dit que certainement l'École de dressage
rend de réels services à l'élevage, mais que cet établissement est également utile à la ville de Caen.

M. le MAIRE en convient; mais si l'on demande à la ville

de Caen une subvention supérieure au sacrifice qu'elle peut s'imposer, elle sera peut-être forcée de renoncer à la gestion directe et de mettre l'École de dressage en régie avec une subvention de 7,000 fr. et un cahier des charges.

M. David BEAUJOUR pense que les éleveurs n'accorderaient pas à une entreprise privée toute la confiance qu'ils accordent à un établissement dirigé par l'Administration municipale.

M. DE BASLY dit que l'Administration des Haras ne pourrait pas faire ses achats d'étalons à l'École de dressage, si cette école n'était plus municipale.

Après une courte discussion, dans laquelle divers membres font ressortir, d'une part, les services rendus à l'élevage par l'École de dressage, de l'autre les avantages que la ville de Caen retire indirectement de l'exploitation de cette École,

La Commission hippique, constatant l'utilité de l'École de dressage au point de vue général et national de l'élevage, réitère le vœu émis par elle dans sa séance du 26 juillet 1882 que la subvention de l'État soit maintenue à cet établissement.

Annexion d'un terrain d'entraînement à l'École de dressage de Caen.

Plusieurs membres demandent quelle suite a été donnée au vœu de la Commission relativement à la création d'un terrain d'entraînement annexé à l'École de dressage de Caen.

M. le PRÉFET croit qu'il n'est pas opportun de demander l'extension de cet établissement, et un accroissement de dépenses au moment même où la subvention accordée à l'École de dressage par l'État vient d'être supprimée. Il y a lieu d'abord de voir comment l'École supportera, en 1883, la suppression de cette subvention.

M. LE MAIRE de Caen craint également que le Conseil municipal soit peu disposé à faire, en ce moment, de nouvelles dépenses pour l'École de dressage. Le Conseil municipal ne paraît pas admettre que la prospérité de cet établissement intéresse directement la ville de Caen.

M. Mériel lit le passage suivant du rapport soumis au Conseil :

« Dans les dépenses de l'École de dressage, prévues par le projet de l'Administration pour 100,730 fr., la Commission vous propose de ne plus comprendre le chiffre du prélèvement pour valeur locative de l'établissement qui y figure pour 10,000 fr. ; cette somme ne devant donner lieu à aucun mandatement qui justifie son inscription au budget.

« Lorsqu'il y aura lieu de préciser dans des rapports ou communications à l'autorité supérieure les conditions de la gestion de l'École, il sera sans doute très-utile d'insister sur ce fait important que la ville donne gratuitement à cet établissement un local d'une valeur considérable dont la construction et l'aménagement ont été fort onéreux à ses finances.

« On mettra ainsi en relief cette vérité que la subvention fournie effectivement par la ville de Caen à l'industrie chevaline est supérieure à celle que fournit le département et supérieure à celle que donnait l'État jusqu'ici, et dont la Chambre vient de voter la suppression.

« Le chiffre de la subvention est ainsi, par un singulier défaut de logique et d'équité, calculé en raison inverse de l'importance de l'intérêt engagé.

« Car la prospérité de l'industrie chevaline ne touche que médiocrement l'intérêt municipal ; elle est vraiment liée à l'intérêt régional dans un centre de production comme le Calvados, et avant tout elle constitue l'un des intérêts vitaux de la nation, puisqu'elle est un des éléments importants de la défense du pays.

« Mais, au point de vue budgétaire, l'Administration municipale n'a pas à faire figurer dans les comptes un élément en dehors de la comptabilité et à faire ouvrir un crédit pour une dépense qui, en réalité, ne sera pas faite.

7

« La Commission vous propose donc de diminuer d'autant le chiffre de 100,730 fr., mais en portant pour dépenses imprévues une somme de 1,270 fr., de manière à constituer un crédit de 92,000 fr. exactement égal à la prévision des recettes, déduction faite du chiffre de la subvention supprimée par l'État. »

Cette lecture soulève des réclamations presque unanimes.

MM. Legoux-Longpré et de Basly demandent que la Commission déclare qu'elle proteste contre les termes du rapport.

M. le Préfet. — La Commission hippique ne pourrait pas, sans sortir de ses attributions, émettre un pareil vote. Elle n'a pas qualité pour juger une décision prise par le Conseil municipal, ni un rapport soumis à ce Conseil.

M. Mériel s'associe aux paroles du Président; il remarque, en outre, que les paroles qui ont soulevé ces protestations sont un simple *considérant,* et que le Conseil municipal a voté le crédit nécessaire pour l'entretien de l'École en 1883.

M. David Beaujour. — Il est certain que si l'École de dressage venait tout à coup à disparaître, la ville de Caen en éprouverait un réel préjudice.

M. Léon Revel. — Les leçons d'équitation données à l'École de dressage commencent une éducation très-nécessaire aux jeunes gens de ce pays-ci, où le goût de l'équitation tend malheureusement trop à disparaître : à ce point de vue encore, la ville de Caen ne peut se désintéresser de cette question.

Sur la proposition de M. le Préfet, la Commission hippique complète de la manière suivante le vœu qu'elle vient d'émettre au sujet de la suppression de la subvention de l'État :

La Commission exprime le regret que la suppression de la subvention de l'État ait pour conséquence de retarder encore l'annexion d'un terrain d'entrainement à l'École de dressage de Caen.

M. LE PRÉFET continue à rendre compte des décisions prises par le Conseil général.

Dans sa séance du 27 mai 1882, la Commission hippique avait émis le vœu que la subvention allouée à l'hippodrome de Vire pour les épreuves de pouliches fût uniquement distribuée en primes aux pouliches de cet arrondissement primées aux concours de Vire. Ce vœu a été renouvelé dans la séance du 26 juillet; la Commission a proposé, en outre, de décider que les pouliches primées dans les autres concours pourront, cependant, sans concourir pour les primes, subir, sur l'hippodrome de Vire et dans les conditions fixées par la Société des Courses, l'épreuve qui leur est imposée.

Le Conseil général a donné satisfaction à ce vœu.

Hippodrome de Vire. — Affectation exclusive de la subvention annuelle pour les épreuves de pouliches aux pouliches de cet arrondissement.

La Commission avait proposé, dans sa séance du 26 juillet 1882, de répartir ainsi qu'il suit, pour 1883, la subvention accordée aux Écoles d'entrainement :

MM. Flocon, 1,000 fr.; Leduc-Marion, 1,000 fr.; Mallet, 1,000 fr.; Rouzée, 500 fr.; Lefrançois, 500 fr.

Le Conseil général a adopté cette répartition.

Subvention aux Écoles d'entraine- ment.

Dans la même séance du 26 juillet, la Commission hippique a émis le vœu qu'une somme de 200 fr. fût mise à la disposition de son Secrétaire pour frais d'impression, de bureau, etc...

Cette somme a été inscrite au budget de 1883.

Frais de bureau.

M. LE PRÉFET rappelle que la Commission hippique, dans sa séance du 27 mai 1882, a demandé à M. le Ministre de l'Agriculture de confier à la Direction des Haras la rédaction des programmes des concours régio-

Projet de pro- gramme du Con- cours régional de 1883 confié à la Di- rection des Haras.

naux hippiques. La Commission émettait en même temps certaines critiques au sujet de la rédaction du programme du dernier concours régional hippique à St-Lô.

L'arrêté de M. le Ministre de l'Agriculture, en date du 20 septembre 1882, a donné une entière satisfaction au vœu de la Commission. M. le Ministre a, en outre, nommé une Commission composée des officiers des Haras de la région et d'éleveurs, notamment de ceux qui avaient été désignés par la Commission hippique pour élaborer un projet de programme. Ces mesures assureront le succès de ces exhibitions chevalines. L'arrêté du 20 septembre ne concerne pas uniquement le concours de Caen; son effet s'étendra à tous les concours régionaux hippiques. C'est un honneur pour la Commission hippique du Calvados d'avoir provoqué ces décisions d'ordre général.

Suppression de la taxe de désinfection des wagons.

A plusieurs reprises, la Commission hippique a demandé que la taxe de désinfection des wagons ayant servi au transport des chevaux fût supprimée.

M. LE PRÉFET informe la Commission qu'il s'est occupé de cette affaire. La Compagnie de l'Ouest paraît disposée à entrer dans la voie de la suppression de cette taxe ; des démarches sont faites auprès du Ministre de l'Agriculture pour qu'il veuille bien provoquer la loi qui doit autoriser cette suppression.

Sur la demande de M. DE BASLY, la Commission hippique remercie M. le Préfet de son dévouement aux intérêts qu'elle représente.

Insuffisance du nombre de chevaux achetés par le dépôt de remonte de Caen.

M. BALLIÈRE dit que le nombre des chevaux de remonte achetés par le dépôt de Caen est insuffisant, si on le compare avec le nombre des chevaux achetés dans les autres dépôts.

En 1882, il a été acheté par le dépôt de Caen 2,775 chevaux ; par celui de St-Lô 1,312 ; par celui d'Alençon 787 ; au Bec-d'Hélouin, 1,883 ; à Paris, 1,023.

La commande, pour l'année 1883 est, pour Caen, de 1,925; pour St-Lô, de 1,218; pour Alençon, de 800; pour le Bec-d'Hélouin, de 1,570.

M. Edmond HENRY dit qu'il s'est occupé et qu'il s'occupera encore de cette question.

Après un court échange d'observations, la Commission émet, à l'unanimité, le vœu suivant :

La Commission hippique, considérant que la comparaison du nombre de chevaux à fournir par le dépôt de Caen en 1883, et par d'autres dépôts, celui du Bec-Hélouin par exemple, n'est pas en rapport avec l'importance relative de la production, exprime le vœu qu'à l'avenir la répartition soit faite d'une manière plus équitable, et que le nombre de chevaux à acheter par le dépôt de Caen soit tel que les éleveurs du Calvados ne soient pas obligés de faire, à grands frais, la livraison de leurs chevaux dans les dépôts d'alentour.

M. JULIEN demande à faire une observation au sujet de la répartition des étalons entre les Haras du Pin et de St-Lô. Les deux étalons, *Lupas* et *Attila*, qui conviendraient à merveille à la région de Pont-l'Évêque, sont tous les deux à St-Lô.

MM. Léon REVEL, LEGOUX-LONGPRÉ et Amédée HERVIEU font observer que la Commission hippique n'est pas compétente en pareille matière et que l'Administration des Haras répartit les meilleurs étalons qu'elle achète de façon à maintenir l'équilibre entre les dépôts. Si le dépôt de St-Lô a été favorisé cette année, c'est qu'apparemment le dépôt du Pin, qui possède *Normand* et *Niger*, a paru plus riche en sujets hors ligne.

M. LE PRÉFET donne connaissance à la Commission d'une lettre de M. le Directeur des Haras du Pin, dans laquelle il propose, eu égard au résultat dérisoire du der-

Concours de poulinières et station de monte d'Orbec.

nier Concours de Poulinières d'Orbec, la suppression de ce Concours et de la station de monte.

M. Letellier dit qu'en effet le Concours d'Orbec meurt d'inanition et qu'il doit être transporté à Lisieux, où 48 sujets ont été présentés cette année. La tendance des éleveurs du canton d'Orbec est de plus en plus d'élever des percherons.

M. Revel dit que depuis deux ans qu'il fait partie des jurys des Concours, il a, en effet, constaté cette tendance.

M. Edmond Henry demande s'il y aurait un inconvénient, au lieu de supprimer la station de monte d'Orbec, à donner à cette station un étalon de trait.

M. de Basly dit qu'il serait fâcheux de supprimer entièrement et tout à coup une station de monte.

M. Bastard pense que cet engouement des éleveurs pour le cheval de trait n'est que passager et ne durera pas.

M. Leproust dit que l'on ne pourra pas contraindre ces éleveurs à élever des demi-sang malgré eux. Les étalons percherons que produit ce canton sont achetés très-cher par l'Amérique. Ce que demandent les éleveurs du canton d'Orbec à l'Administration des Haras, c'est ce que vient d'indiquer M. Edmond Henry, un bel étalon de trait.

MM. Legoux-Longpré et de Cornullier pensent qu'émettre un vœu en faveur de l'introduction d'un étalon de trait dans le Calvados, ce serait reculer, ce serait se mettre en contradiction avec les efforts depuis si longtemps dirigés dans le même sens pour l'amélioration de la race chevaline, ce serait compromettre les intérêts les plus clairs du département.

M. Letellier est surpris d'entendre demander qu'on envoie des chevaux à Orbec, qui ne s'en sert pas, au détriment de la station de Lisieux, où le nombre des chevaux est insuffisant; il ajoute que les éleveurs du canton d'Orbec ne souffriront pas de la suppression de cette station.

M. le Préfet lit un rapport de M. le Sous-Préfet de Lisieux qui n'est pas de cet avis.

M. Letellier répond qu'il suffit d'avoir assisté au dernier concours de poulinières à Orbec, et d'avoir été témoin du mécontentement de M. le Directeur des Haras, mécontentement qui avait pour cause l'insuffisance des sujets présentés, autant par la qualité que par le nombre, pour se rendre compte que la suppression du concours de poulinières et de la station de monte d'Orbec ne saurait soulever aucune récrimination.

M. Léon Revel fait, du reste, remarquer qu'Orbec se trouve à proximité de Lisieux et du Sap (4 kilomètres), localités où se trouvent des stations de monte, et que, par conséquent, les éleveurs de ce canton auront à leur disposition des étalons de l'État, même après la suppression de leur station.

La Commission émet le vœu :

1° Que la station de monte et le concours de poulinières d'Orbec soient supprimés ;

2° Que la subvention accordée au concours de poulinières d'Orbec soit répartie entre les concours de poulinières de Lisieux et de Pont-l'Évêque.

M. David Beaujour fait observer que le Conseil général, dans sa séance du 25 août, n'a accordé une subvention au nouveau concours de poulinières de Pont-l'Évêque, qu'en prévision de la suppression du concours d'Orbec. Il suppose donc que la subvention accordée à ce concours, dont la suppression vient d'être votée, ne devra plus figurer au budget des encouragements accordés à l'industrie chevaline. Le Conseil général devra, dans tous les cas, être consulté.

M. le Préfet répond que la Commission hippique n'est que consultative, et que les vœux qu'elle émet sont toujours soumis au Conseil général.

Plusieurs membres de la Commission demandent que les épreuves de poulichs soient faites à une autre époque, et surtout avant les concours de poulichs. L'époque actuel-

Épreuves de poulichs.

lement choisie en effet pour ces épreuves, qui est l'été, est nuisible à la santé des pouliches qui ont presque toujours été saillies à cette époque et qui avortent souvent à la suite des épreuves. Si, au contraire, ces épreuves avaient lieu avant les concours, l'inconvénient signalé plus haut n'existerait pas, et de plus le jury serait à l'avance éclairé par le résultat de ces épreuves.

Sur la proposition de M. LEGOUX-LONGPRÉ, la Commission hippique nomme une sous-commission de cinq membres pour l'examen de cette question. Cette commission est ainsi composée :

MM. Amédée HERVIEU, LEPROUST, LEMONNIER, LESGUILLON et LEGOUX-LONGPRÉ.

La séance est levée à midi.

ANNEXES

1° **Extrait de l'arrêté ministériel du 20 septembre 1882 ;**

2° **Programme du Concours hippique régional à Caen
en 1883 ;**

3° **Index alphabétique des questions traitées dans les
séances de la Commission hippique du Calvados ;**

4° **Carte hippique du Calvados.**

CONCOURS RÉGIONAUX HIPPIQUES

Art. 19.

Des Concours régionaux hippiques, destinés aux reproducteurs mâles et femelles, sont annexés aux Concours régionaux agricoles et tenus à la même époque.

Dans les pays de production du mulet, les reproducteurs d'espèces asines seront admis dans une catégorie spéciale.

Les villes où les réunions ont lieu font les frais de l'installation matérielle.

Art. 20.

En raison de l'étendue des circonscriptions régionales et de la variété des produits qu'elles peuvent renfermer, les projets de programmes sont élaborés par des Commissions d'organisation comprenant quinze membres au moins et vingt-cinq au plus, savoir :

Un sénateur, un député, l'inspecteur général des haras de l'arrondissement, le maire de la ville où se tient la réunion, l'inspecteur général de l'agriculture de la région, le colonel commandant la circonscription des remontes militaires, un ou deux directeurs de dépôts d'étalons, un commandant de dépôt de remontes, des conseillers généraux, des éleveurs ou des personnes notables de la circonscription régionale et un vétérinaire. Tous les départements de la région devront, autant que possible, être représentés dans la Commission.

Le préfet du département dans lequel le concours doit avoir lieu soumet à l'approbation du Ministre la composition de la Commission d'organisation ; il préside cette Commission.

ART. 21.

Le jury se compose de vingt membres au moins et de trente au plus, non compris le président. En font partie de droit : le préfet, l'inspecteur général des haras de l'arrondissement, le colonel commandant la circonscription des remontes militaires, deux ou trois directeurs de dépôts d'étalons, deux ou trois commandants de dépôts de remontes, deux vétérinaires. Le jury est complété par des conseillers généraux, des éleveurs et des personnes notables possédant des connaissances spéciales.

La moitié des membres est fournie par le département où se tient le concours et l'autre moitié par les autres départements de la région, de manière à ce que tous soient représentés.

Les membres étrangers à l'Administration sont nommés par le Ministre sur la proposition des préfets des départements intéressés.

La présidence d'honneur du jury appartient au préfet; l'inspecteur général des haras est président du jury et commissaire général du concours; il est assisté par un ou deux directeurs de dépôts d'étalons nommés commissaires adjoints.

ART. 22

Le commissaire général a la faculté de diviser en sections, suivant l'importance numérique des catégories d'animaux exposés, les jurés présents sur le terrain.

Chaque section nomme son président et son secrétaire.

ANNEXE N° 2

PROGRAMMME DU CONCOURS HIPPIQUE RÉGIONAL

DE CAEN, EN 1883

ARRÊTÉ

Le Préfet du département du Calvados, chevalier de la Légion d'Honneur,

Vu l'arrêté de M. le Ministre de l'Agriculture en date du 20 septembre 1882 ;

Vu la décision ministérielle en date du 14 décembre 1882 nommant la Commission d'organisation du Concours régional hippique qui doit se tenir à Caen en 1883 ;

Vu les délibérations de ladite Commission :

Vu la lettre de M. le Ministre de l'Agriculture en date de ce jour ;

ARRÊTE :

ARTICLE PREMIER.

Un concours spécial pour les chevaux entiers, poulains, pouliches et juments poulinières, races de pur-sang, de demi-sang et de trait, aura lieu à Caen du mardi 12 juin au dimanche 17 juin 1883.

ART. 2.

Seront admis à ce concours les sept départements compris dans la circonscription régionale, savoir : le Calvados, l'Eure, l'Eure-et-Loir, la Manche, l'Orne, la Sarthe et la Seine-Inférieure.

Art. 3.

Tous les animaux devront être nés dans la région, élevés dans un des départements ci-dessus indiqués et appartenir, depuis le 1er février de l'année du concours, à des propriétaires de la région (1). (Les conditions de durée de possession pour l'obtention des prix d'ensemble sont indiqués à l'article 5.)

L'âge des chevaux se compte à partir du 1er janvier de l'année de leur naissance.

Art. 4.

Sont exclus du concours : tous les chevaux provenant d'achats faits par les Conseils généraux, les Sociétés d'agriculture, les Comices agricoles, etc., et revendus ensuite par lesdits Conseils, Sociétés, Comices, etc., soit publiquement, soit de gré à gré.

Art. 5.

Les animaux seront répartis et les prix attribués suivant le classement ci-après :

1re Catégorie. — RACE PURE.

1re Section. — *Chevaux entiers de 3 ans et au-dessus.*

1er prix. Une médaille d'or grand module.
2e prix. Une médaille d'or.

2e Section. — *Juments de 4 ans et au-dessus, suitées d'un produit issu d'un étalon de pur-sang, ou prêtes à mettre bas, ou saillies en 1883 par un étalon de pur-sang.*

1er prix. Une médaille d'or grand module.
2e prix. Une médaille d'or.
3e prix. Une médaille d'argent.

(1) Les restrictions de l'article 3 ne sont pas applicables aux chevaux de pur sang.

3ᵉ Section. — *Poulains ou pouliches nés en 1882 (Yearlings).*

1ᵉʳ prix . . . . . . Une médaille d'or.
2ᵉ prix . . . . . . Une médaille de vermeil.
Deux 3ᵉˢ prix. . { Une médaille d'argent.
{ Une médaille d'argent.

Annexe à la 1ʳᵉ Catégorie.

Pouliches de pur-sang âgées de 3 ans, saillies par un étalon de demi-sang; juments de 4 ans et au-dessus suitées d'un produit issu d'un étalon de demi-sang, ou saillies, en 1883, par un étalon de demi-sang (1).

1ᵉʳ prix . . . . . . Une médaille d'or.
2ᵉ prix . . . . . . Une médaille d'argent.

2ᵉ Catégorie. — ESPÈCE DE DEMI-SANG.

1ʳᵉ Section. — *Chevaux entiers de 3 ans.*

Trois 1ᵉʳˢ prix. .	Une médaille d'or grand module et . .	1.000 fr.
	Une médaille d'or grand module et . .	1.000
	Une médaille d'or grand module et . .	1.000
Deux 2ᵉˢ prix. .	Une médaille d'argent et	800
	Une médaille d'argent et	800
Deux 3ᵒˢ prix. .	Une médaille de bronze et	700
	Une médaille de bronze et	700
Deux 4ᵉˢ prix. .	Une médaille de bronze et	600
	Une médaille de bronze et	600
Deux 5ᵉˢ prix. .	Une médaille de bronze et	500
	Une médaille de bronze et	500
Deux 6ᵉˢ prix. .	Une médaille de bronze et	400
	Une médaille de bronze et	400
Six 7ᵉˢ prix. . .	Une médaille de bronze et	300
	Une médaille de bronze et	300
	Une médaille de bronze et	300
	Une médaille de bronze et	300
	Une médaille de bronze et	300
	Une médaille de bronze et	300
	A reporter.	10.800

(1) Cette section, omise par erreur dans le programme, y a été introduite en vertu d'une décision ministérielle du 15 mai 1883.

Report	10.800

Quatre 8ᵉˢ prix .	Une médaille de bronze et	200
	Une médaille de bronze et	200
	Une médaille de bronze et	200
	Une médaille de bronze et	200

Total. . . . . 11.600 fr.

dont 4,600 fr. donnés par l'État et 7,000 fr. par le département du Calvados.

2ᵉ SECTION. — *Chevaux entiers de 4 ans et au-dessus (Tout étalon qui, après la livraison à l'Administration des Haras, aura été rendu au propriétaire, ne sera pas admis au concours).*

1ᵉʳ prix. Une médaille d'or grand module et. . . . . 500 fr.
2ᵉ prix. Une médaille d'argent et. 400

Total. . . . . 900 fr.

dont 300 fr. donnés par l'État et 600 fr. par le département du Calvados.

PRIX D'ENSEMBLE. — Un prix spécial de 2,000 fr., offert par la ville de Caen, sera décerné, s'il y a lieu, à la plus belle collection composée d'au moins trois chevaux de la 1ʳᵉ et de la 2ᵉ section, ou de l'une de ces sections seulement. Ces chevaux devront appartenir au même propriétaire et être élevés chez lui depuis l'âge de 18 mois.

3ᵉ SECTION. — *Pouliches de 3 ans, saillies en 1883 par un étalon de l'État, un étalon approuvé ou autorisé.*

Deux 1ᵉʳˢ prix . .	Une médaille d'or grand module et . .	600 fr.
	Une médaille d'or grand module et . .	600
Deux 2ᵉˢ prix . .	Une médaille d'argent et	500
	Une médaille d'argent et	500
Deux 3ᵉˢ prix . .	Une médaille de bronze et.	400
	Une médaille de bronze et.	400
Cinq 4ᵉˢ prix . .	Une médaille de bronze et.	300
	Une médaille de bronze et.	300
	Une médaille de bronze et.	300
	Une médaille de bronze et.	300
	Une médaille de bronze et.	300
Cinq 5ᵉˢ prix . .	Une médaille de bronze et	200
	Une médaille de bronze et	200
	Une médaille de bronze et	200
	Une médaille de bronze et	200
	Une médaille de bronze et	200

Total. . . . . 5,500 fr.

dont 2,100 fr. donnés par l'État et 3,400 fr. par le département du Calvados.

4ᵉ SECTION. — *Juments de 4 ans et au-dessus, suitées d'un produit issu d'un étalon soit appartenant à l'État, soit approuvé, soit autorisé, ou prêtes à mettre bas, ou saillies en 1883 par un reproducteur de l'une de ces trois catégories.*

Trois 1ᵉʳˢ prix. .	Une médaille d'or grand module et . .	900 fr.
	Une médaille d'or grand module et . .	900
	Une médaille d'or grand module et . .	900
Trois 2ᵉˢ prix . .	Une médaille d'argent et	700
	Une médaille d'argent et	700
	Une médaille d'argent et	700
Trois 3ᵉˢ prix . .	Une médaille de bronze et	600
	Une médaille de bronze et	600
	Une médaille de bronze et	600
Trois 4ᵉˢ prix . .	Une médaille de bronze et	500
	Une médaille de bronze et	500
	Une médaille de bronze et	500
Trois 5ᵉˢ prix . .	Une médaille de bronze et	400
	Une médaille de bronze et	400
	Une médaille de bronze et	400
Quatorze 6ᵉˢ prix.	Une médaille de bronze et	300
	Une médaille de bronze et	300
	Une médaille de bronze et	300
	Une médaille de bronze et	300
	Une médaille de bronze et	300
	Une médaille de bronze et	300
	Une médaille de bronze et	300
	Une médaille de bronze et	300
	Une médaille de bronze et	300
	Une médaille de bronze et	300
	Une médaille de bronze et	300
	Une médaille de bronze et	300
	Une médaille de bronze et	300
	Une médaille de bronze et	300

A reporter. . . . . . . 13,500 fr.

		Report.	13.500 fr.
	Une médaille de bronze et	200
	Une médaille de bronze et	200
	Une médaille de bronze et	200
	Une médaille de bronze et	200
	Une médaille de bronze et	200
	Une médaille de bronze et	200
	Une médaille de bronze et	200
Quinze 7ᵉˢ prix.	Une médaille de bronze et	200
	Une médaille de bronze et	200
	Une médaille de bronze et	200
	Une médaille de bronze et	200
	Une médaille de bronze et	200
	Une médaille de bronze et	200
	Une médaille de bronze et	200
	Une médaille en bronze et	200

Total. . . . . . . 16.500 fr.

dont 7,000 fr. donnés par l'État et 9,500 fr. par le département du Calvados.

PRIX D'ENSEMBLE.—Un prix d'ensemble de 1,000 fr., offert par la Société nationale d'Agriculture, sera décerné, s'il y a lieu, à la plus belle collection composée d'au moins cinq animaux des deux sections précédentes, ou de l'une de ces deux sections seulement. Ces juments devront appartenir au même propriétaire depuis deux années.

5ᵉ SECTION. — *Chevaux entiers ou juments de 4 ans ayant pris part à trois courses au trot, en France, et ayant gagné au moins un prix.*

1ᵉʳ prix. Un objet d'art.
2ᵉ prix. Une médaille d'or.
3ᵉ prix. Une médaille d'argent.

Offerts par la Société d'encouragement pour l'amélioration du cheval français de demi-sang.

6ᵉ SECTION. — *Poulains entiers ou pouliches, nés en 1881, et appartenant au même exposant depuis l'époque du sevrage.*

Deux 1ᵉʳˢ prix . .	Une médaille d'or et	500 fr.
	Une médaille d'or et	500

A reporter. . . . . . . 1.000 fr.

		Report	1.000 fr.
Deux 2ᶜˢ prix . .	{ Une médaille d'argent et	300
	Une médaille d'argent et	300
Deux 3ᶜˢ prix . .	{ Une médaille de bronze et	200
	Une médaille de bronze et	200

Total . . . . 2.000 fr.

offerts par les éleveurs.

7ᶜ Section. — *Poulains entiers ou pouliches nés en 1882.*

1ᵉʳ prix	Une médaille d'or et	500 fr.
Deux 2ᵉˢ prix . .	{ Une médaille d'argent et	300
	Une médaille d'argent et	300
Deux 3ᶜˢ prix . .	{ Une médaille de bronze et	200
	Une médaille de bronze et	200

Total . . . . 1.500 fr.

donnés par le département du Calvados.

Prix d'ensemble. — Une médaille d'or grand module, offerte par l'Administration des Haras, sera décernée, s'il y a lieu, à la plus belle collection composée d'au moins 3 poulains ou pouliches des deux précédentes sections, ou de l'une de ces sections seulement. Ces animaux devront appartenir au même propriétaire depuis l'époque du sevrage.

3ᶜ Catégorie. — TRAIT.

(Races percheronne, boulonnaise et autres).

ESPÈCE DE TRAIT LÉGER.

1ʳᵉ Section. — *Chevaux entiers de 3 ans.*

1ᵉʳ prix. Médaille d'or grand module et . . . . 400 fr.
2ᵉ prix. Médaille d'argent et 300
3ᵉ prix. Médaille de bronze et 200

Total . . . . 900 fr.

donnés par l'État.

2ᵉ Section. — *Chevaux entiers de 4 ans et au-dessus.*

1ᵉʳ prix. Médaille d'or grand module et . . . . 400 fr.
2ᵉ prix. Médaille d'argent et 300
3ᵉ prix. Médaille de bronze et 200

Total. . . . . . . 900 fr.
donnés par l'État.

3ᵉ Section. — *Pouliches de 3 ans, saillies en 1883 par un étalon de l'État, ou un étalon approuvé ou autorisé.*

1ᵉʳ prix. . . . . . Une médaille d'or grand module et. . . . 300 fr.
Deux 2ᵉˢ prix. . { Une médaille d'argent et 200
Une médaille d'argent et 200

Total. . . . . . . 700 fr.
donnés par l'État.

4ᵉ Section. — *Juments de 4 ans et au-dessus, suitées d'un produit issu d'un étalon soit appartenant à l'État, soit approuvé, soit autorisé, ou prêtes à mettre bas, ou saillies en 1883 par un reproducteur de l'une de ces trois catégories.*

1ᵉʳ prix . . . . . . Une médaille d'or grand module et . . 400 fr.
2ᵉ prix . . . . . . Une médaille d'argent et 300
Trois 3ᵉˢ prix. . { Une médaille de bronze et. 200
Une médaille de bronze et. 200
Une médaille de bronze et. 200

Total. . . . . . . 1.300 fr.
donnés par l'État.

GROS TRAIT.

1ʳᵉ Section. — *Chevaux entiers de 3 ans.*

1ᵉʳ prix. Une médaille d'or grand module et . . . . 500 fr.
2ᵉ prix. Une médaille d'argent et 400
3ᵉ prix. Une médaille de bronze et 300
4ᵉ prix. Une médaille de bronze et 200

Total. . . . . . . 1.400 fr.
donnés par l'État.

2ᵉ Section. — *Chevaux entiers de 4 ans ou au-dessus.*

1ᵉʳ prix. Une médaille d'or grand module et . . . .   500 fr.
2ᵉ prix. Une médaille d'argent et   400
3ᵉ prix. Une médaille de bronze et   300
4ᵉ prix. Une médaille de bronze et   200

Total. . . . . . . 1.400 fr.

donnés par l'État.

3ᵉ Section. — *Pouliches de 3 ans ayant été saillies en 1883
par un étalon de l'État ou par un étalon approuvé ou autorisé.*

Deux 1ᵉʳˢ prix . . { Une médaille d'or gr. module et. . . .   300 fr.
{ Une médaille d'or gr. module et. . . .   300
Deux 2ᵉˢ prix . . { Une médaille d'argent et.   200
{ Une médaille d'argent et.   200

Total. . . . . . 1.000 fr.

donnés par l'État.

4ᵉ Section. — *Juments de 4 ans et au-dessus, suitées d'un produit issu d'un étalon soit appartenant à l'État, soit approuvé,
soit autorisé, ou prêtes à mettre bas, ou saillies en 1883 par un
reproducteur de l'une de ces trois catégories.*

Deux 1ᵉʳˢ prix . . { Une médaille d'or gr. module et. . . .   400 fr.
{ Une médaille d'or gr. module et. . . .   400
Deux 2ᵉˢ prix . . { Une médaille d'argent et.   300
{ Une médaille d'argent et.   300
{ Une médaille de bronze et.   200
{ Une médaille de bronze et.   200
Cinq 3ᵉˢ prix . . { Une médaille de bronze et.   200
{ Une médaille de bronze et.   200
{ Une médaille de bronze et.   200

Total. . . . . 2.400 fr.

donnés par l'État.

Prix d'ensemble. — Un prix d'ensemble, offert par la Société des Agri-
culteurs de France, sera décerné, s'il y a lieu, à la plus belle collection,
composée d'au moins trois chevaux, juments ou pouliches de trait. Ces
animaux devront appartenir au même propriétaire depuis au moins un an.

Un objet d'art, offert par l'**Administration des Haras**, sera attribué au lot le plus remarquable du concours.

(Toutes les médailles ci-dessus désignées, à l'exception de celles de la 5ᵉ section de la 2ᵉ catégorie, sont offertes par l'Administration des Haras).

Art. 6.

Dans le cas où le jury reconnaîtrait l'insuffisance du mérite des animaux présentés dans certaines sections, il pourra supprimer le premier ou les premiers prix et n'attribuer que les derniers; il pourra même n'en pas délivrer dans une section, et reporter sur une autre section de la même catégorie, autant que possible, les prix qu'il n'aurait pas attribués.

Art. 7.

Tout exposant qui serait convaincu d'avoir, dans une intention de fraude, contrevenu aux conditions du programme, sera exclu de tout concours hippique quelconque pendant un temps plus ou moins long. Cette exclusion sera prononcée par l'Administration des Haras, sur le rapport du Préfet, et notification de la décision sera faite aux Préfets des départements de la région.

Art. 8.

Pour être admis à concourir, l'exposant devra adresser à la préfecture du Calvados, avant le 25 avril, terme de rigueur, une déclaration écrite conforme au modèle ci-après reproduit, et dont des formules imprimées seront déposées dans les préfectures, les sous-préfectures et les mairies des sept départements de la région.

Département du Calvados.

CONCOURS RÉGIONAL HIPPIQUE EN 1883.

DÉCLARATION D'EXPOSANT

(1) Nom, prénoms et qualité.

Je soussigné (1)   demeurant à   déclare vouloir présenter
au Concours régional de l'espèce chevaline à Caen, du 12 au 17 juin prochain :

NOM DE L'ANIMAL. Ne porter qu'un seul animal sur chaque déclaration et ne pas omettre de lui donner un nom.	RACE (pur-sang, demi-sang, trait).	SEXE Pour les juments indiquer si elles sont ou non suitées.	SIGNES particuliers. Robe. Taille.	GÉNÉALOGIE. Père. Mère.	ÂGE à l'époque du Concours.	NÉ CHEZ (Indiquer la date de la naissance).	ÉLEVÉ CHEZ	OBSERVATIONS. (Indiquer les prix précédemment obtenus, la généalogie complète de l'animal, tous détails propres à le faire apprécier, et la durée de la possession.)

CERTIFIANT sincères et véritables les renseignements ci-dessus, et m'engageant à présenter ledit animal
au Concours de Caen, le mardi 12 juin, à   heures du   dans les conditions
prescrites par les articles 8, 10 et 11 de l'arrêté préfectoral du 21 février 1883.

le   1883.

(Signature du déclarant).

(Réclamer des modèles de déclaration dans les préfectures,
les sous-préfectures et les mairies).

La carte de saillie, s'il s'agit d'une poulinière, devra être produite le jour de la présentation. Si une jument, à la date des déclarations, n'avait pas encore été couverte, le prix ne serait décerné qu'après justification de la saillie.

Toute déclaration devra être accompagnée :

D'un certificat du maire de la commune où l'animal est né ou a été élevé, et, s'il s'agit de chevaux de pur-sang ou de demi-sang, d'un certificat d'origine, délivré conformément aux règlements de l'Administration des Haras, c'est-à-dire constatant que l'animal est issu d'un étalon de l'État ou d'un étalon approuvé ou autorisé.

Sont considérés comme élevés dans la région les animaux qui y auront résidé depuis l'âge de quinze mois jusqu'à l'âge de trois ans.

Toute déclaration qui ne sera pas régulièrement faite en temps utile, c'est-à-dire avant le 25 avril, ou qui ne contiendrait pas tous les renseignements indiqués ci-dessus, sera considérée comme nulle et non avenue.

ART. 9.

Au fur et à mesure que les déclarations parviendront à la préfecture du Calvados, des lettres d'admission seront adressées aux exposants.

ART. 10.

Tous les animaux, sauf les animaux de race pure (1), comme il est expliqué à l'article 14, devront être rendus sur le lieu du concours le 12 juin : les étalons et poulains, de 6 heures du matin à 1 heure de l'après-midi, et les juments et pouliches, de 1 heure de l'après-midi à 6 heures du soir.

(1) L'exception est également applicable à la 5e section de la 2e catégorie (trotteurs).

Art. 11.

Il sera payé par le propriétaire une somme de 40 fr. au profit de la ville de Caen pour tout animal qui, inscrit et admis, ne sera pas présenté au concours.

Toutefois, la somme à payer ne sera que de 10 fr. si, entre le 25 avril et le 20 mai, déclaration est faite par le propriétaire qu'il ne peut envoyer l'animal inscrit.

Art. 12.

La composition du jury et ses attributions sont déterminées par les articles 21 et 22 de l'arrêté ministériel du 20 septembre 1882.

Nul ne peut être à la fois exposant et juré dans le même concours.

Art. 13.

La Commission spéciale d'organisation matérielle du concours, déléguée par la Commission générale d'organisation du concours régional hippique, sera chargée d'organiser le contrôle, d'assurer la perception des entrées et de pourvoir à l'approvisionnement des fourrages.

Art. 14.

Les différentes opérations du concours sont réglées ainsi qu'il suit :

Mardi 12 juin. — Réception et classement. Prix d'entrée : 10 fr.

Mercredi 13. — Opérations du jury à partir de 8 h. 1/2 du matin. Prix d'entrée : 5 fr.

Jeudi 14. — Continuation, s'il y a lieu, à 8 heures 1/2 du matin, des opérations du jury. Aussitôt les opérations du jury terminées, exposition de tout le concours. Prix d'entrée : 5 fr.

Vendredi 15. — Exposition de tout le concours. Prix d'entrée : 2 fr. 50, donnant droit à l'entrée aux courses sur les contre-allées du Cours. A 8 heures du matin, réception et classement des animaux de race pure.

Samedi 16.—Exposition de tout le concours. Prix d'entrée : de 8 heures 1/2 du matin à midi, 3 fr.; de midi à 5 heures, 0 fr. 50 c.

Des cartes d'abonnement du prix de 20 fr. seront délivrées pour la durée du concours régional hippique ; elles donneront droit, le vendredi, à l'entrée aux courses sur les contre-allées des Cours.

Dimanche 17. — Exposition publique et gratuite. Distribution solennelle des récompenses.

Les droits d'entrée seront perçus sous la direction spéciale de la Commission d'organisation matérielle du concours et au profit de la ville.

Les prix seront payés à la Trésorerie générale le dimanche 17 juin, de 9 heures du matin à midi, sur la remise de mandats qui seront délivrés à la préfecture du Calvados (3ᵉ division) le même jour aux lauréats ou à leurs mandataires, de 8 à 11 heures du matin. Les mandataires devront être porteurs d'une procuration sur papier timbré, enregistrée et dûment légalisée.

Art. 15.

La direction du concours, celle des opérations du jury et la connaissance de toutes les difficultés appartiennent à M. l'Inspecteur général des Haras ou à son délégué.

Art. 16.

La police du concours appartient à M. l'Inspecteur général des Haras.

ART. 17.

Tout animal amené au concours devra être muni de couverture, de surfaix, de bridon, de licol à deux longes.

ART. 18.

Un dépôt de fourrages sera placé dans l'intérieur du concours; les exposants s'y procureront ce qui leur sera nécessaire à des prix arrêtés à l'avance par la Commission et conformément à des échantillons déposés et joints aux tarifs approuvés.

ART. 19.

Aucun animal ne pourra être emmené avant la fin du concours sans l'autorisation préalable de l'Inspecteur général. Toutefois, les exposants pourront, avec l'autorisation de l'Inspecteur général, à des heures d'entrée et de sortie déterminées, et en consignant au secrétariat du concours une somme de cent francs par animal, emmener pour la nuit, hors de l'enceinte du concours, les animaux exposés par eux. Les sommes consignées ne seront pas rendues aux exposants qui auront contrevenu aux conditions de l'autorisation accordée et seront versées dans la caisse municipale de la ville de Caen.

Les animaux primés pourront être retenus un jour de plus pour être photographiés.

ART. 20.

Les exposants sont responsables de leurs déclarations; si, par suite de ces déclarations, les animaux sont mal classés et reconnus tels, ils pourront être inscrits dans la classe à laquelle ils appartiennent, ou être mis hors de concours par le jury, en cas de mauvaise foi du déclarant.

ART. 21.

Après la proclamation des prix, le procès-verbal des différentes opérations du concours et le rapport présenté par le jury, rédigés en double minute, seront adressés, par les soins de la Commission, au préfet du Calvados, qui en transmettra une expédition à M. le Ministre de l'Agriculture.

21 février 1883.

Le Préfet du Calvados.

HENRI-CH. MONOD.

Vu et approuvé :

21 février 1883.

Le Ministre de l'Agriculture,

DE MAHY.

ANNEXE Nº 3

INDEX ALPHABÉTIQUE

DES QUESTIONS TRAITÉES DANS LES SÉANCES DE LA COMMISSION
HIPPIQUE.

A.

Achat de chevaux de remonte : *projet Thornton*, p. 41 ; — *insuffisance des achats à Caen*, p. 100. — Admission d'étalons au Pin, p. 7. — Annexion d'un terrain d'entraînement à l'École de dressage de Caen , pp. 28, 64, 96. — Augmentation réclamée des primes de dressage , p. 13. — Augmentation réclamée du nombre des étalons de l'État, p. 29.

B.

Budget de 1882, p. 26. — Budget de 1883, pp. 63, 70.

C.

Carte hippique du Calvados : Annexe nº 4, p. 130. — Cercle hippique Lexovien : *subvention*, pp. 24, 28.— Certificats de santé à exiger : *dans les concours de dressage*, p. 12 ; — *dans les concours de poulinières,* p. 88. — Classification générale à adopter dans les Concours hippiques régionaux (pur-sang , demi-sang, trait), p. 53. — Commission hippique : *but*, p. 5 ; — *composition* , p. 3. — Commission d'organisation du Concours hippique de 1883 : *nomination de délégués* , p. 84. — Concours départemental de poulinières : *projet de création*, pp. 40, 71, 95. — Concours de dressage de Falaise, p. 24. — Concours de maréchalerie en 1883 , p. 54.— Concours de poulinières, *de Falaise,* p. 26 ; — *d'Orbec*, pp. 28, 31, 101 ; — *de Pont-l'Évêque*, pp. 31 , 71, 95. — Concours régional hippique à

D.

E.

F.

H.

TABLE DES MATIÈRES.

ANNEXES :

Caen, Typ. F. Le Blanc-Hardel.

www.ingramcontent.com/pod-product-compliance
Lightning Source LLC
Chambersburg PA
CBHW062016200326
41519CB00017B/4802